Jean-Pierre Serre

Lineare Darstellungen endlicher Gruppen

Logik und Grundlagen der Mathematik

Herausgegeben von
Prof. Dr. Dieter Rödding, Münster

Band 11

Band 1
L. Félix, Elementarmathematik in moderner Darstellung

Band 2
A. A. Sinowjew, Über mehrwertige Logik

Band 3
J. E. Whitesitt, Boolesche Algebra und ihre Anwendungen

Band 4
G. Choquet, Neue Elementargeometrie

Band 5
A. Monjallon, Einführung in die moderne Mathematik

Band 6
S. W. Jablonski / G. P. Gawrilow / W. B. Kudrjawzew,
Boolesche Funktionen und Postsche Klassen

Band 7
A. A. Sinowjew, Komplexe Logik

Band 8
J. Dieudonné, Grundzüge der modernen Analysis

Band 9
N. Gastinel, Lineare und numerische Analysis

Band 10
W. V. O. Quine, Mengenlehre und ihre Logik

Band 11
J. P. Serre, Lineare Darstellungen endlicher Gruppen

Jean-Pierre Serre

Lineare Darstellungen endlicher Gruppen

Friedr. Vieweg + Sohn · Braunschweig

Übersetzung und Redaktion: Prof. Dr. Günther Eisenreich

Titel der französischen Originalausgabe:
Jean-Pierre Serre
Représentations linéaires des groupes finis
Erschienen 1967 im Verlag Hermann, Paris

ISBN-13: 978-3-528-03556-3 e-ISBN-13: 978-3-322-85863-4
DOI: 10.1007/978-3-322-85863-4

1972

Gesamtherstellung: VEB Druckerei „Thomas Müntzer", 582 Bad Langensalza

Inhaltsverzeichnis

Teil II: Einführung in die BRAUERsche Theorie

Einführung

Dieses Buch besteht aus 16 Paragraphen, die in Niveau und Zielstellung ziemlich unterschiedlich sind:

Die Paragraphen 1–5 sind auf die Bedürfnisse der theoretischen Chemiker zugeschnitten. Sie legen den auf FROBENIUS zurückgehenden Zusammenhang dar, der zwischen linearen Darstellungen und Charakteren besteht. Es handelt sich hierbei um grundlegende Ergebnisse, die nicht nur in der Mathematik, sondern auch in der Quantenchemie oder in der Physik ständige Anwendung finden. Ich habe versucht, hiervon möglichst elementare Beweise zu geben, ohne mehr als die Gruppendefinition und die einfachsten Sachverhalte aus der linearen Algebra heranzuziehen. Als Beispiele (§ 5) sind solche gewählt, die für die Chemiker von Nutzen sind.

Die Paragraphen 6–12 geben den Inhalt eines Kurses wieder, den ich 1966 für die Stundenten des zweiten Studienjahres der École Normale gehalten habe. Sie vervollständigen §§ 1 bis 5 in folgenden Punkten:

a) Grade der Darstellungen und Ganzheitseigenschaften der Charaktere (§ 6).

b) Induzierte Darstellungen, Sätze von ARTIN und von BRAUER sowie Anwendungen (§§ 7 bis 11).

c) Darstellungen über einen Körper der Charakteristik Null (§ 12).

Die verwendeten Hilfsmittel sind hierbei die der linearen Algebra (in einem weiteren Sinne als in §§ 1 bis 5); Gruppenalgebren, Moduln, nichtkommutative Tensorprodukte, halbeinfache Algebren.

Der zweite Teil ist der Text einer Seminarausarbeitung über die BRAUERsche Theorie: Übergang von der Charakteristik 0 zur Charakteristik p (und umgekehrt). Ich bediene mich hierbei ungezwungen der Sprache der ABELschen Kategorien (projektive Objekte, GROTHENDIECK-Gruppen), die dieser Fragestellung gut angepaßt ist.

Die Hauptergebnisse sind:

a) Die (auf BRAUER zurückgehende) Tatsache, daß der Zerlegungshomomorphismus surjektiv ist: jede irreduzible Darstellung der Charakteristik p läßt sich „virtuell" (d. h. in einer geeignet gewählten GROTHENDIECK-Gruppe) in die Charakteristik 0 liften.

b) Der Satz von FONG-SWAN, dem zufolge man das Wort „virtuell" in der vorstehenden Aussage weglassen kann, wenn die betrachtete Gruppe p-auflösbar ist.

Zugleich gebe ich einige Anwendungen auf die ARTINschen Darstellungen.

Mein aufrichtiger Dank gebührt:

GASTON BERTHIER und JOSIANE SERRE, die mich zur Reproduktion von Teil I (§§ 1 bis 5) ermächtigt haben, der als ein Anhang ihres Buches „Chimie quantique" vorgesehen ist;

YVES BALASKO, der Teil I (§§ 6 bis 12) an Hand der Vorlesungsaufzeichnungen redigiert hat;

ALEXANDER GROTHENDIECK, der mich ermächtigt hat, Teil II aus seinem Séminaire de Géométrie Algébrique (I. H. E. S. 1965/66) abzudrucken.

TEIL I

Darstellungen und Charaktere

Die drei ersten Paragraphen sind den Haupteigenschaften linearer Darstellungen *endlicher* Gruppen, insbesondere der Theorie der Charaktere, gewidmet. Das Anliegen von § 4 ist es, diese Ergebnisse auf *kompakte* Gruppen auszudehnen. § 5 enthält verschiedene Beispiele.

§ 1. Allgemeines über lineare Darstellungen

1.1. Definitionen

Es sei V ein Vektorraum über dem Körper $\boldsymbol{C}$ der komplexen Zahlen und $GL(V)$ die Gruppe der *Isomorphismen* von V auf V. Definitionsgemäß stellt ein Element a von $GL(V)$ eine lineare Abbildung von V in V dar, die ein Inverses a^{-1} besitzt; dieses Inverse ist linear. Wenn V eine aus n Elementen bestehende endliche Basis (e_i) besitzt, wird jede lineare Abbildung a: $V \to V$ durch eine n-reihige quadratische Matrix (a_{ij}) definiert. Die Koeffizienten a_{ij} sind komplexe Zahlen; man erhält sie, indem man die Bilder $a(e_j)$ mittels der Basis (e_i) ausdrückt:

$$a(e_j) = \sum_i a_{ij}\, e_i\,.$$

Die Aussage, daß a ein Isomorphismus ist, ist gleichbedeutend damit, daß die Determinante $\det(a) = \det(a_{ij})$ von a nicht Null ist. Die Gruppe $GL(V)$ läßt sich auf diese Weise mit der Gruppe der *n-reihigen umkehrbaren quadratischen Matrizen* identifizieren.

Es sei jetzt G eine endliche Gruppe. Eine *lineare Darstellung* von G in V ist ein Homomorphismus ϱ der Gruppe G in die Gruppe $GL(V)$. Mit anderen Worten, jedem Element $s \in G$ wird ein Element $\varrho(s)$ aus $GL(V)$ zugeordnet, so daß die Gleichung

$$\varrho(s\,t) = \varrho(s) \cdot \varrho(t) \qquad \text{für alle} \quad s, t \in G$$

besteht.

(Statt $\varrho(s)$ werden wir häufig auch ϱ_s schreiben.) Man beachte, daß aus der obigen Formel insbesondere

$$\varrho(1) = 1 \,, \qquad \varrho(s^{-1}) = \varrho(s)^{-1}$$

folgt.

Wenn ϱ gegeben ist, sagt man, V sei ein *Darstellungsraum* von G (oder sogar einfach, wenn auch ungenau, eine *Darstellung* von G). Im folgenden werden wir uns stets auf den Fall beschränken, daß V *endlichdimensional* ist. Das bedeutet keineswegs eine lästige Einschränkung. In den meisten Anwendungen interessiert man sich nämlich für das Verhalten *endlich vieler Elemente* x_i von V (beispielsweise gewisser Wellenfunktionen), und man kann dann immer eine endlichdimensionale *Teildarstellung* von V (im unten definierten Sinne, vgl. 1.3) finden, die die x_i enthält: man braucht hierzu nur den linearen Unterraum zu wählen, der von den Bildern $\varrho_s(x_i)$ der x_i erzeugt wird.

Wir wollen also annehmen, V sei endlichdimensional und n seine Dimension; man sagt dann auch, n sei der *Grad* der betrachteten Darstellung. Es sei (e_i) eine Basis von V und R_s die Matrix von ϱ_s bezüglich dieser Basis. Dann gilt

$$\det(R_s) \neq 0 \,, \qquad R_{st} = R_s \cdot R_t \quad \text{für} \quad s, t \in G \,.$$

Bezeichnet man mit $r_{ij}(s)$ die Elemente der Matrix R_s, so lautet die zweite Formel

$$r_{ik}(s\,t) = \sum_j r_{ij}(s) \cdot r_{jk}(t) \,.$$

Umgekehrt wird durch die Vorgabe invertierbarer Matrizen $R_s = \big(r_{ij}(s)\big)$, die den vorstehenden Identitäten genügen, eine lineare Darstellung ϱ von G in V definiert; man sagt dann, die Darstellung sei „in Matrizenform" gegeben.

Es seien ϱ und ϱ' zwei lineare Darstellungen derselben Gruppe G in Vektorräumen V und V'. Man sagt, die beiden Darstellungen seien *äquivalent* (auch *ähnlich* oder *isomorph*), wenn ein linearer Isomorphismus $\tau\colon\ V \to V'$ existiert, der ϱ in ϱ' „transformiert", d. h., der die Identität

$$\tau \circ \varrho(s) = \varrho'(s) \circ \tau \qquad \text{für alle} \quad s \in G$$

befriedigt. Wenn ϱ und ϱ' in Matrizenform durch R_s bzw. R'_s gegeben sind, bedeutet das gerade, daß eine invertierbare Matrix T mit

$$T \cdot R_s = R'_s \cdot T \qquad \text{für alle} \quad s \in G$$

existiert, wofür man auch schreiben kann: $R'_s = T \cdot R_s \cdot T^{-1}$.

Zwei derartige Darstellungen kann man getrost miteinander *identifizieren* (indem man jedem $x \in V$ das Element $\tau(x) \in V'$ zuordnet); sie haben insbesondere *denselben Grad.*

1.2. Erste Beispiele

(a) Die Gruppe G möge als Permutationsgruppe einer Menge X gegeben sein; $x \mapsto s\,x$ bezeichne die Permutation von X, die dem Element $s \in G$ entspricht. Als V wollen wir den Vektorraum der komplexwertigen *Funktionen* auf X nehmen und im Falle $f \in V$ und $s \in G$ die Funktion $\varrho_s f$ durch die Formel

$$\varrho_s f(x) = f(s^{-1}\,x)$$

definieren ($\varrho_s f$ ist in einem unmittelbar verständlichen Sinne das „Bild" von f bei s). Es ist klar, daß $\varrho_s f$ von f linear abhängt, mit anderen Worten, daß ϱ_s ein Automorphismus von V ist, und daß $\varrho_{s\,t} = \varrho_s \circ \varrho_t$ gilt; auf diese Weise wird eine lineare Darstellung von G in V definiert.

(b) Eine Darstellung einer Gruppe G *vom Grade* 1 ist nichts anderes als ein Homomorphismus $\varrho\colon G \to \boldsymbol{C}^*$, wo $\boldsymbol{C}^*$ die multiplikative Gruppe der von Null verschiedenen komplexen Zahlen bezeichnet. Da jedes Element von G endliche Ordnung hat, sind die Werte $\varrho(s)$ von ϱ *Einheitswurzeln*; insbesondere gilt $|\varrho(s)| = 1$.

Setzt man $\varrho(s) = 1$ für jedes $s \in G$, so erhält man eine Darstellung von G, die die *Einsdarstellung* heißt.

(c) Es sei g die Ordnung von G und V ein Vektorraum der Dimension g, der eine mit den Elementen t von G indizierte Basis $(e_t)_{t \in G}$ besitzt. Für $s \in G$ sei $\varrho(s)$ die lineare Abbildung von V in V, die e_t in $e_{s\,t}$ transformiert; man verifiziert sogleich, daß man auf diese Weise eine lineare Darstellung erhält, die die *reguläre Darstellung* von G heißt. Ihr Grad ist gleich der Ordnung von G. Man bemerkt, daß $e_s = \varrho_s(e_1)$ ist; die Bilder von e_1 bilden also eine Basis von V. Umgekehrt sei W eine Darstellung von G, die einen solchen Vektor w enthält, daß alle $\varrho_s(w)$ mit $s \in G$ eine Basis von W bilden; dann ist W *zur regulären Darstellung äquivalent* (man definiert einen Isomorphismus $\tau\colon V \to W$, indem man $\tau(e_s) = \varrho_s(w)$ setzt).

1.3. Teildarstellungen

Es sei $\varrho\colon G \to GL(V)$ eine lineare Darstellung und W ein linearer Unterraum von V. Angenommen, W sei gegenüber den Operationen von G *invariant*, mit anderen Worten, aus $x \in W$ folge $\varrho_s\, x \in W$ für alle

$s \in G$. Dann stellt die Einschränkung ϱ_s^W von ϱ_s auf W einen Isomorphismus von W auf sich dar, und es gilt offensichtlich $\varrho_{st}^W = \varrho_s^W \circ \varrho_t^W$. Somit ist $\varrho^W: G \to GL(W)$ eine lineare Darstellung von G in W; man sagt, W sei eine *Teildarstellung* von V.

Beispiel. Nehmen wir als V die reguläre Darstellung von G (vgl. 1.2 (c)), und sei W der von dem Element $x = \sum_{s \in G} e_s$ erzeugte eindimensionale Unterraum von V. Dann gilt $\varrho_s x = x$ für alle $s \in G$; hieraus folgt, daß W eine Teildarstellung von V ist, die übrigens zur Einsdarstellung äquivalent ist.

(In 2.4 werden wir sämtliche Teildarstellungen der regulären Darstellung ermitteln.)

Bevor wir weitergehen, wollen wir noch an einige Begriffe aus der Theorie der Vektorräume erinnern. Es seien V ein Vektorraum und W und W' zwei Unterräume von V. Dann heißt V *direkte Summe* von W und W', wenn sich jedes $x \in V$ eindeutig in der Form $x = w + w'$ mit $w \in W$ und $w' \in W'$ schreiben läßt; das ist gleichbedeutend damit, daß sich der Durchschnitt $W \cap W'$ von W und W' auf 0 reduziert und daß $\dim(V) = \dim(W) + \dim(W')$ ist. In diesem Falle schreibt man auch $V = W \oplus W'$ und sagt, W' sei *Supplementärraum* von W in V. Die Abbildung p, die jedem $x \in V$ seine Komponente w in W zuordnet, heißt (zu der Zerlegung $V = W \oplus W'$ gehöriger) *Projektor* von V auf W; das Bild von p ist W, und für $x \in W$ gilt $p(x) = x$. Ist umgekehrt p eine lineare Abbildung von V in sich, die diese beiden Eigenschaften besitzt, so verifiziert man sogleich, daß V direkte Summe von W und vom *Kern* W' von p (der Menge der x mit $p\,x = 0$) ist. Auf diese Weise erhält man eine eineindeutige Zuordnung zwischen den *Projektoren* von V *auf* W und den *Supplementärräumen* von W in V.

Wir kehren jetzt zu den Teildarstellungen zurück:

Satz 1: *Es sei $\varrho: G \to GL(V)$ eine lineare Darstellung von G in V und W ein gegenüber G invarianter linearer Unterraum von V. Dann gibt es einen Supplementärraum W^0 von W in V, der gegenüber G invariant ist.*

Es sei W' irgendein Supplementärraum von W in V und p der entsprechende Projektor von V auf W. Wir bilden das arithmetische Mittel p^0 der Transformierten von p durch die Elemente von G:

$$p^0 = \frac{1}{g} \sum_{t \in G} \varrho_t \cdot p \cdot \varrho_t^{-1} \qquad (g \text{ Ordnung von } G)\,.$$

Da V durch p in W abgebildet wird und ϱ_t W invariant läßt, sieht man, daß V durch p^0 in W abgebildet wird; andererseits gilt im Falle $x \in W$ $\varrho_t^{-1} x \in W$, woraus $p\, \varrho_t^{-1} x = \varrho_t^{-1} x$, $\varrho_t\, p\, \varrho_t^{-1} x = x$ und $p^0 x = x$ folgt. p^0 ist somit ein Projektor von V auf W, der einem gewissen Supplementärraum W^0 von W entspricht. Ferner gilt

$$\varrho_s \cdot p^0 = p^0 \cdot \varrho_s \qquad \text{für alle} \quad s \in G\,.$$

In der Tat erhält man, wenn man $\varrho_s \cdot p^0 \cdot \varrho_s^{-1}$ berechnet:

$$\begin{aligned}\varrho_s \cdot p^0 \cdot \varrho_s^{-1} &= \frac{1}{g} \sum_{t \in G} \varrho_s \cdot \varrho_t \cdot p \cdot \varrho_t^{-1} \cdot \varrho_s^{-1} \\ &= \frac{1}{g} \sum_{t \in G} \varrho_{st} \cdot p \cdot \varrho_{st}^{-1} = p^0\,.\end{aligned}$$

Gilt jetzt $x \in W^0$ und $s \in G$, so bekommt man $p^0 x = 0$, woraus $p^0 \varrho_s x = \varrho_s p^0 x = 0$, d. h. $\varrho_s x \in W^0$, folgt; W^0 ist also tatsächlich gegenüber G invariant, womit der Beweis erbracht ist.

Bemerkung. Angenommen, in V sei ein *Skalarprodukt* $\langle x, y\rangle$ erklärt, das den üblichen Bedingungen genügt: Antilinearität in x, Linearität in y und $\langle x, x\rangle > 0$ für $x \neq 0$. Dieses Skalarprodukt möge gegenüber G *invariant* sein, es sei mit anderen Worten $\langle \varrho_s x, \varrho_s y\rangle = \langle x, y\rangle$; auf diesen Fall kann man stets alles zurückführen, indem man $(x|y)$ durch $\sum_{t \in G} \langle \varrho_t\, x, \varrho_t\, y\rangle$ ersetzt. Unter diesen Voraussetzungen ist das *orthogonale Komplement* W^0 von W in V ein *gegenüber G invarianter Supplementärraum* von W; damit erhält man einen anderen Beweis von Satz 1. Man bemerkt, daß die Invarianz des Skalarprodukts $\langle x, y\rangle$ bedeutet, daß die Matrix von ϱ_s bezüglich einer Orthonormalbasis (e_i) von V eine *unitäre Matrix* darstellt.

Wir wollen die Voraussetzungen und die Bezeichnungen von Satz 1 beibehalten. Es sei $x \in V$, und w und w^0 seien die Projektionen von x auf W und W^0. Dann gilt $x = w + w^0$, woraus $\varrho_s x = \varrho_s w + \varrho_s w^0$ folgt, und da W und W^0 gegenüber G invariant sind, bekommt man $\varrho_s w \in W$ und $\varrho_s w^0 \in W^0$. $\varrho_s w$ und $\varrho_s w^0$ sind somit die Projektionen von $\varrho_s x$. Hieraus ergibt sich, daß mit den Darstellungen W und W^0 auch die von V bekannt ist. Man sagt, die Darstellung V sei *direkte Summe* der Darstellungen W und W^0, und schreibt $V = W \oplus W^0$. Ein Element von V läßt sich mit einem Paar (w, w^0) mit $w \in W$ und $w^0 \in W^0$ identifizieren. Werden W und W^0 in Matrizenform durch R_s und R_s^0 gegeben, so wird

$W \oplus W^0$ in Matrizenform durch

$$\begin{pmatrix} R_s & 0 \\ 0 & R_s^0 \end{pmatrix}.$$

gegeben. Ebenso wird die direkte Summe beliebig endlich vieler Darstellungen definiert.

1.4. *Irreduzible Darstellungen*

Es sei $\varrho\colon G \to GL(V)$ eine lineare Darstellung von G. Sie heißt *irreduzibel*, wenn sich weder V auf 0 reduziert noch wenn es einen gegenüber G invarianten linearen Unterraum von V gibt, von 0 und V natürlich abgesehen. Im Hinblick auf Satz 1 ist diese zweite Bedingung gleichbedeutend damit, daß V *nicht direkte Summe zweier Darstellungen* ist (von der trivialen Zerlegung $V = 0 \oplus V$ abgesehen).

Jede Darstellung vom Grade 1 ist offensichtlich irreduzibel. Wir werden demnächst sehen, daß jede nichtkommutative Gruppe wenigstens eine irreduzible Darstellung vom Grade $\geqq 2$ besitzt.

Die irreduziblen Darstellungen dienen dazu, die übrigen durch direkte Summenbildung zu gewinnen. Mit anderen Worten:

Satz 2. *Jede Darstellung ist direkte Summe irreduzibler Darstellungen.*

Es sei V eine lineare Darstellung von G. Wir führen Induktion nach $\dim(V)$ durch. Im Falle $\dim(V) = 0$ ist der Satz evident (0 ist direkte Summe der *leeren Familie* irreduzibler Darstellungen). Nehmen wir also $\dim(V) \geqq 1$ an. Wenn V irreduzibel ist, so ist nichts zu beweisen. Anderenfalls kann man V nach Satz 1 in eine direkte Summe $V' \oplus V''$ mit $\dim(V') < \dim(V)$ und $\dim(V'') < \dim(V)$ zerlegen. Nach Induktionsvoraussetzung sind V' und V'' direkte Summen irreduzibler Darstellungen, es verhält sich also mit V ebenso, q. e. d.

Bemerkung. Es sei V eine Darstellung und $V = W_1 \oplus \cdots \oplus W_k$ eine Zerlegung von V als direkte Summe irreduzibler Darstellungen. Man kann sich fragen, ob diese Zerlegung *eindeutig* ist. Der Fall, daß alle ϱ_s gleich 1 sind, zeigt, daß dem im allgemeinen nicht so ist (in diesem Falle sind die W_i Geraden, und man kann einen Vektorraum auf viele Weisen in eine direkte Summe von Geraden zerlegen). Nichtsdestoweniger werden wir in 2.3 sehen, daß die *Anzahl* der W_i, die zu einer gegebenen irreduziblen Darstellung äquivalent sind, nicht von der gewählten Zerlegung abhängt.

1.5. *Tensorprodukt zweier Darstellungen*

Neben der Operation der direkten Summenbildung (die die formalen Eigenschaften einer Addition aufweist) gibt es noch eine „Multiplikation": das *Tensorprodukt* oder KRONECKER-*Produkt* (auch direktes Produkt genannt). Es wird folgendermaßen definiert:

Es seien zunächst V_1 und V_2 zwei Vektorräume. Tensorprodukt von V_1 und V_2 nennt man einen Vektorraum W zusammen mit einer Abbildung $(x_1, x_2) \mapsto x_1 \cdot x_2$ von $V_1 \times V_2$ in W, die folgenden beiden Bedingungen genügt:

(1) $x_1 \cdot x_2$ hängt von jeder der Variablen x_1 und x_2 linear ab.

(2) Wenn (e_{i_1}) eine Basis von V_1 und (e_{i_2}) eine Basis von V_2 ist, so bildet das System der Produkte $e_{i_1} \cdot e_{i_2}$ eine Basis von W.

Man zeigt leicht, daß ein solcher Raum W existiert und daß er (bis auf Isomorphie) eindeutig bestimmt ist; man bezeichnet ihn mit $V_1 \otimes V_2$. Die Bedingung (2) zeigt, daß

$$\dim (V_1 \otimes V_2) = \dim (V_1) \cdot \dim (V_2)$$

ist.

Es seien jetzt $\varrho^1\colon G \to GL(V_1)$ und $\varrho^2\colon G \to GL(V_2)$ zwei lineare Darstellungen einer Gruppe G. Zu $s \in G$ definiert man ein Element ϱ_s aus $GL(V_1 \otimes V_2)$ durch die Bedingung:

$$\varrho_s(x_1 \cdot x_2) = \varrho_s^1(x_1) \cdot \varrho_s^2(x_2) \qquad \text{für} \qquad x_1 \in V_1\,, \quad x_2 \in V_2\,.$$

(Die Existenz und Eindeutigkeit von ϱ_s ergibt sich leicht aus den Bedingungen (1) und (2).) Man schreibt

$$\varrho_s = \varrho_s^1 \otimes \varrho_s^2\,.$$

Die ϱ_s definieren eine lineare Darstellung von G in $V_1 \otimes V_2$, die das *Tensorprodukt* der gegebenen Darstellungen heißt.

Die Übersetzung dieser Definition in die Matrizenschreibweise liegt auf der Hand: Es sei (e_{i_1}) eine Basis von V_1, $r_{i_1 j_1}(s)$ die Matrix von ϱ_s^1 bezüglich dieser Basis, und ebenso seien (e_{i_2}) und $r_{i_2 j_2}(s)$ definiert. Die Formeln

$$\varrho_s^1(e_{j_1}) = \sum_{i_1} r_{i_1 j_1}(s) \cdot e_{i_1}\,, \qquad \varrho_s^2(e_{j_2}) = \sum_{i_2} r_{i_2 j_2}(s) \cdot e_{i_2}$$

ziehen

$$\varrho_s(e_{j_1} \cdot e_{j_2}) = \sum_{i_1, i_2} r_{i_1 j_1}(s) \cdot r_{i_2 j_2}(s) \cdot e_{i_1} \cdot e_{i_2}$$

nach sich. Die Matrix von ϱ_s wird also aus den $\left(r_{i_1 j_1}(s) \cdot r_{i_2 j_2}(s)\right)$ gebildet; in ihr erkennt man das *Tensorprodukt der Matrizen* ϱ_s^1 und ϱ_s^2.

Das Tensorprodukt zweier irreduzibler Darstellungen ist im allgemeinen nicht irreduzibel; es zerfällt in eine direkte Summe irreduzibler Darstellungen, die sich mittels der Theorie der Charaktere bestimmen lassen (vgl. 2.3).

Bemerkung. In praxi tritt das Tensorprodukt oft in folgender Weise auf: V_1 und V_2 sind zwei gegenüber G invariante Funktionenräume mit den Basen (φ_{i_1}) und (ψ_{i_2}), und $V_1 \otimes V_2$ ist der von den *Produkten* $\varphi_{i_1} \cdot \psi_{i_2}$ erzeugte Vektorraum; diese Produkte seien dabei als *linear unabhängig* angenommen. Diese letzte Bedingung ist wesentlich. In folgenden beiden Fällen ist sie automatisch erfüllt:

(1) Die φ hängen nur von gewissen Variablen $(x, x', \ldots)$ und die ψ von Variablen $(y, y', \ldots)$ ab, die von den ersten unabhängig sind.

(2) Der Raum V_1 (oder V_2) besitzt eine Basis, die aus einer einzigen Funktion φ besteht, und diese Funktion verschwindet in keinem Gebiet des Raumes identisch; der Raum V_1 ist dann eindimensional.

§ 2. Theorie der Charaktere

2.1. Der Charakter einer Darstellung

Es sei V ein Vektorraum, der eine aus n Elementen bestehende Basis (e_i) besitzt, und a eine lineare Abbildung von V in sich, zu der die Matrix (a_{ij}) gehört. *Spur* von a heißt der Skalar

$$Tr(a) = \sum_i a_{ii} \,.$$

Dies ist bekanntlich die *Summe der Eigenwerte* von a (mit ihrer Vielfachheit genommen); sie hängt nicht von der gewählten Basis (e_i) ab.

Es sei jetzt $\varrho\colon G \to GL(V)$ eine lineare Darstellung einer endlichen Gruppe G in dem Vektorraum V. Für jedes $s \in G$ setzen wir

$$\chi_\varrho(s) = Tr(\varrho_s) \,.$$

Auf diese Weise erhält man eine komplexwertige Funktion χ_ϱ auf G, die der *Charakter* der Darstellung ϱ heißt; die Bedeutung dieser Funktion rührt hauptsächlich davon her, daß sie die betrachtete Darstellung *charakterisiert* (vgl. 2.3).

Aussage 1. *Wenn χ der Charakter einer Darstellung ϱ vom Grade n ist, so gilt:*

(1) $\chi(1) = n$,

(2) $\chi(s^{-1}) = \chi(s)^*$ *für alle* $s \in G$,

(3) $\chi(tst^{-1}) = \chi(s)$ *für alle* $s, t \in G$.

(Wenn x eine komplexe Zahl ist, bezeichnen wir mit x^* die zu x konjugiert-komplexe Zahl.)

Es gilt $\varrho(1) = 1$ und $Tr(1) = n$, da V n-dimensional ist; hieraus folgt (1). Hinsichtlich (2) bemerkt man, daß ϱ_s von endlicher Ordnung ist; ebenso verhält es sich also mit seinen Eigenwerten $\lambda_1, \ldots, \lambda_n$, und letztere haben demnach den Absolutbetrag 1 (das folgt auch aus der Tatsache, daß sich ϱ_s mittels einer unitären Matrix definieren läßt, vgl. 1.3). Daher bekommt man

$$\chi(s)^* = Tr(\varrho_s)^* = \sum \lambda_i^* = \sum \lambda_i^{-1} = Tr(\varrho_s^{-1}) =$$
$$= Tr(\varrho_{s^{-1}}) = \chi(s^{-1}) .$$

Die Formel (3) läßt sich, indem man $u = t\,s$, $v = t^{-1}$ setzt, auch in der Form $\chi(v\,u) = \chi(u\,v)$ schreiben; sie folgt also aus der bekannten, für zwei beliebige lineare Abbildungen a und b von V in sich gültigen Formel

$$Tr(a\,b) = Tr(b\,a) .$$

Bemerkung. Eine Funktion f auf G, die die Identität (3) oder, was auf dasselbe hinausläuft, die Identität $f(u\,v) = f(v\,u)$ befriedigt, heißt *zentrale Funktion*. Wir werden in 2.5 sehen, daß jede zentrale Funktion Linearkombination von Charakteren ist.

Aussage 2. *Es seien ϱ^1: $G \to GL(V_1)$ und ϱ^2: $G \to GL(V_2)$ zwei lineare Darstellungen von G und χ_1 und χ_2 ihre Charaktere. Dann gilt:*

(1) *Der Charakter χ der direkten Summendarstellung $V_1 \oplus V_2$ ist gleich $\chi_1 + \chi_2$.*

(2) *Der Charakter ψ der Tensorproduktdarstellung $V_1 \otimes V_2$ ist gleich $\chi_1 \cdot \chi_2$.*

Geben wir uns ϱ^1 und ϱ^2 in Matrizenform vor: R_s^1, R_s^2! Dann wird die Darstellung $V_1 \oplus V_2$ durch

$$R_s = \begin{pmatrix} R_s^1 & 0 \\ 0 & R_s^2 \end{pmatrix}$$

gegeben, woraus $Tr(R_s) = Tr(R_s^1) + Tr(R_s^2)$, d. h. $\chi(s) = \chi_1(s) + \chi_2(s)$, folgt.

Ebenso geht man vor, um (2) zu beweisen. Mit den Bezeichnungen von 1.5 haben wir

$$\chi_1(s) = \sum_{i_1} r_{i_1 i_1}(s)\,, \qquad \chi_2(s) = \sum_{i_2} r_{i_2 i_2}(s)\,,$$

$$\psi(s) = \sum_{i_1, i_2} r_{i_1 i_1}(s) \cdot r_{i_2 i_2}(s) = \chi_1(s) \cdot \chi_2(s)\,, \qquad \text{q.e.d.}$$

2.2. *Das* SCHURsche *Lemma — erste Anwendungen*

Aussage 3 („SCHURsches Lemma"). *Es seien* $\varrho^1\colon G \to GL(V_1)$ *und* $\varrho^2\colon G \to GL(V_2)$ *zwei irreduzible Darstellungen von* G *und* f *eine lineare Abbildung von* V_1 *in* V_2, *so daß* $\varrho_s^2 \circ f = f \circ \varrho_s^1$ *für alle* $s \in G$ *ist. Dann gilt:*

(1) *Wenn* ϱ^1 *und* ϱ^2 *nicht äquivalent sind, so ist* $f = 0$.

(2) *Wenn* $V_1 = V_2$ *und* $\varrho^1 = \varrho^2$ *ist, so stellt* f *eine „Multiplikation"* (*Homothetie*) *dar* (d. h. ein skalares Vielfaches von 1).

Der Fall $f = 0$ ist trivial. Nehmen wir also $f \neq 0$ an, und sei W_1 *sein Kern* (mit anderen Worten die Menge der $x \in V_1$ mit $f\,x = 0$). Wenn $x \in W_1$ ist, gilt $f \varrho_s^1 x = \varrho_s^2 f\,x = 0$, woraus folgt, daß $\varrho_s^1 x \in W_1$ und W_1 gegenüber G invariant ist. Da V_1 irreduzibel ist, ist W_1 gleich V_1 oder 0; der erste Fall ist ausgeschlossen (denn er würde $f = 0$ nach sich ziehen), also ist $W_1 = 0$. Ebenso beweist man, daß das *Bild* W_2 von f (die Menge der $f\,x$ mit $x \in V_1$) gleich V_2 ist. Die beiden Eigenschaften $W_1 = 0$ und $W_2 = V_2$ zeigen, daß f ein *Isomorphismus von* V_1 *auf* V_2 ist, womit bereits die Behauptung (1) bewiesen ist.

Es möge jetzt $V_1 = V_2$, $\varrho^1 = \varrho^2$ gelten, und λ sei ein *Eigenwert* von f: es gibt wenigstens einen Eigenwert, da der Körper der Skalare der Körper der komplexen Zahlen ist. Wir setzen $f' = f - \lambda$. Da λ ein Eigenwert von f ist, ist der Kern von $f' \neq 0$; andererseits gilt aber noch $\varrho_s^2 \circ f' = f' \circ \varrho_s^1$. Der erste Teil des Beweises zeigt, daß diese Eigenschaften nur im Falle $f' = 0$ möglich sind, d. h. wenn $f = \lambda$ ist, q. e. d.

Wir wollen die Annahme, daß V_1 und V_2 irreduzibel sind, beibehalten und mit g die *Ordnung* der Gruppe G bezeichnen.

Korollar 1. *h sei eine lineare Abbildung von V_1 in V_2, und es sei*

$$h^0 = \frac{1}{g} \sum_{t \in G} (\varrho_t^2)^{-1}\, h\, \varrho_t^{-1}$$

gesetzt. Dann gilt:

(1) *Wenn ϱ^1 und ϱ^2 nicht äquivalent sind, ist $h^0 = 0$.*

(2) *Wenn $V_1 = V_2$ und $\varrho^1 = \varrho^2$ ist, stellt h^0 eine Multiplikation mit dem Faktor $\frac{1}{n} \cdot Tr(h)$ mit $n = \dim(V_1)$ dar.*

Wir haben $\varrho_s^2\, h^0 = h^0\, \varrho_s^{-1}$. In der Tat ist:

$$(\varrho_s^2)^{-1}\, h^0\, \varrho_s^1 = \frac{1}{g} \sum_{t \in G} (\varrho_s^2)^{-1}\, (\varrho_t^2)^{-1}\, h\, \varrho_t^1\, \varrho_s^1$$

$$= \frac{1}{g} \sum_{t \in G} (\varrho_{ts}^2)^{-1}\, h\, \varrho_{ts}^1 = h^0\,.$$

Wendet man die Aussage 3 auf $f = h^0$ an, so erkennt man im Falle (1), daß $h^0 = 0$, und im Falle (2), daß h^0 gleich einem Skalar λ ist. Ferner bekommt man in diesem Falle

$$Tr(h^0) = \frac{1}{g} \sum_{t \in G} Tr\left((\varrho_t^1)^{-1}\, h\, \varrho_t^1\right) = Tr(h)\,,$$

und da $Tr(\lambda) = n \cdot \lambda$ ist, schließt man hieraus gerade, daß $\lambda = \frac{1}{n}\, Tr(h)$ ist.

Wir wollen jetzt das Korollar 1 explizit *anwenden*, indem wir annehmen, ϱ^1 und ϱ^2 seien *in Matrizenform gegeben:*

$$\varrho_t^1 = \left(r_{i_1 j_1}(t)\right)\,, \qquad \varrho_t^2 = \left(r_{i_2 j_2}(t)\right)\,.$$

Die lineare Abbildung h wird durch eine Matrix $(x_{i_2 i_1})$ definiert; ebenso wird h^0 durch $(x_{i_2 i_1}^0)$ definiert. Nach Definition von h^0 gilt:

$$x_{i_2 i_1}^0 = \frac{1}{g} \sum_{t, j_1, j_2} r_{i_2 j_2}(t^{-1})\, x_{j_2 j_1}\, r_{j_1 i_1}(t)\,.$$

Das Glied auf der rechten Seite stellt eine Linearform in den $x_{j_2 j_1}$ dar; im Falle (1) verschwindet diese Form für jedes Wertesystem der $x_{j_2 j_1}$; ihre Koeffizienten sind also Null. Hieraus folgt:

Korollar 2. *Im Falle* (1) *gilt*

$$\frac{1}{g} \sum_{t \in G} r_{i_2 j_2}(t^{-1})\, r_{j_1 i_1}(t) = 0\,,$$

wie auch i_1, i_2, j_1, j_2 gewählt seien.

Ebenso hat man im Falle (2) $h^0 = \lambda$, d. h. $x^0_{i_2 i_1} = \lambda\, \delta_{i_2 i_1}$ ($\delta_{i_2 i_1}$ bezeichnet das KRONECKER-Symbol) mit $\lambda = \frac{1}{n}\, Tr(h)$, d. h.

$$\lambda = \frac{1}{n} \sum \delta_{j_2 j_1}\, x_{j_2 j_1}.$$

Hieraus folgt die Gleichheit:

$$\frac{1}{g} \sum_{t,\, j_1,\, j_2} r_{i_2 j_2}(t^{-1})\, x_{j_2 j_1}\, r_{j_1 i_1}(t) = \frac{1}{n} \sum_{j_1,\, j_2} \delta_{i_2 i_1}\, \delta_{j_2 j_1}\, x_{j_2 j_1}.$$

Setzt man die Koeffizienten der $x_{j_2 j_1}$ gleich, so erhält man wie oben:

Korollar 3. *Im Falle* (2) *gilt:*

$$\frac{1}{g} \sum_{t \in G} r_{i_2 j_2}(t^{-1})\, r_{j_1 i_1}(t) = \frac{1}{n}\, \delta_{i_2 i_1}\, \delta_{j_2 j_1}$$

$$= \begin{cases} \dfrac{1}{n}, & \textit{wenn } i_1 = i_2 \textit{ und } j_1 = j_2\,, \\ 0 & \textit{sonst}\,. \end{cases}$$

Bemerkung. Wir wollen annehmen, die Matrizen $(r_{i_2 j_2}(t))$ seien *unitär* (was man durch geeignete Wahl der Basis (e_{i_2}) erreichen kann, vgl. 1.3). Dann ist $r_{i_2 j_2}(t^{-1}) = r_{j_2 i_2}(t)^*$, und die Korollare 2 und 3 bringen die *Orthogonalitätsrelationen* (bezüglich des in der folgenden Nr. definierten Skalarprodukts) zum Ausdruck.

2.3. *Die Orthogonalitätsrelationen der Charaktere*

Wir beginnen mit der Einführung einer Bezeichnung: Wenn φ und ψ zwei auf der Gruppe G definierte komplexwertige Funktionen sind, setzt man

$$\langle \varphi, \psi \rangle = \frac{1}{g} \sum_{t \in G} \varphi(t)^*\, \psi(t)\,, \qquad g \text{ Ordnung von } G.$$

Das ist in der Tat ein *Skalarprodukt*: es ist antilinear in φ, linear in ψ, und man hat $\langle \varphi, \varphi \rangle > 0$ für alle $\varphi \neq 0$.

Satz 3. (1) *Wenn χ der Charakter einer irreduziblen Darstellung ist, gilt* $\langle \chi, \chi \rangle = 1$ (mit anderen Worten, χ hat „die Länge 1“).

(2) *Wenn χ und χ' die Charaktere zweier inäquivalenter irreduzibler Darstellungen sind, so gilt* $(\chi, \chi') = 0$ (mit anderen Worten, χ und χ sind orthogonal).

Es sei $\varrho\colon G \to GL(V)$ die irreduzible Darstellung, die den Charakter χ hat, und n ihr Grad. Dann gilt

$$\langle\chi, \chi\rangle = \frac{1}{g} \sum_{t\in G} \chi(t)^* \chi(t) = \frac{1}{g} \sum_{t\in G} \chi(t^{-1})\, \chi(t)\,,$$

vgl. Auss. 1.

Nun gilt, wenn ϱ in Matrizenform durch $\varrho_t = \big(r_{ij}(t)\big)$ gegeben ist, $\chi(t) = \sum_i r_{ii}(t)$, woraus

$$\langle\chi, \chi\rangle = \frac{1}{g} \sum_{t, i, j} r_{ii}(t^{-1})\, r_{jj}(t)$$

folgt. Wendet man das Korollar 3 zur Aussage 3 an, so sieht man, daß

$$\frac{1}{g} \sum_{t\in G} r_{ii}(t^{-1})\, r_{jj}(t)$$

gleich 0, wenn $i \neq j$, und gleich $\frac{1}{n}$ ist, wenn $i = j$. Da der Index i n Werte annimmt, schließt man hieraus gerade, daß $\langle\chi, \chi\rangle = 1$ gilt.

(2) läßt sich ebenso beweisen, indem man an Stelle von Korollar 3 Korollar 2 anwendet.

Satz 4. *Es sei V eine lineare Darstellung von G mit dem Charakter φ, die in die direkte Summe irreduzibler Darstellungen zerfalle:*

$$V = W_1 \oplus \cdots \oplus W_k\,.$$

Wenn dann W eine irreduzible Darstellung mit dem Charakter χ ist, so ist die Anzahl der zu W äquivalenten W_i gleich dem Skalarprodukt $(\varphi|\chi)$.

χ_i sei der Charakter von W_i. Nach Aussage 2 gilt dann

$$\varphi = \chi_1 + \cdots + \chi_k\,.$$

Hieraus folgt $\langle\varphi, \chi\rangle = \langle\chi_1, \chi\rangle + \cdots + \langle\chi_k, \chi\rangle$. Dem vorstehenden Satz zufolge ist aber $\langle\chi_i, \chi\rangle$ gleich 1 oder gleich 0, je nachdem, ob W_i zu W äquivalent ist oder nicht. Hieraus ergibt sich die Behauptung.

Korollar 1. *Die Anzahl der zu W äquivalenten W_i hängt nicht von der gewählten Zerlegung ab.*

(Diese Anzahl heißt die „Vielfachheit, mit der W in V eingeht", oder auch die „Vielfachheit", mit der W in V enthalten ist".)

In der Tat hängt $\langle\varphi, \chi\rangle$ nicht von der gewählten Zerlegung ab.

Bemerkung. In diesem Sinne kann man von der „Eindeutigkeit" der Zerlegung einer Darstellung in irreduzible Darstellungen sprechen. Wir werden hierauf in 2.6 zurückkommen.

Korollar 2. *Zwei Darstellungen mit demselben Charakter sind äquivalent.*

In der Tat geht aus Korollar 1 hervor, daß sie jede vorgegebene irreduzible Darstellung gleichoft enthalten müssen.

Durch die obigen Resultate wird die Untersuchung der Darstellungen auf die Untersuchung ihrer Charaktere zurückgeführt. Wenn $\chi_1, \ldots, \chi_h$ die verschiedenen Charaktere der irreduziblen Darstellungen von G sind und wenn $W_1, \ldots, W_h$ die entsprechenden Darstellungen bezeichnen, ist jede Darstellung V einer direkten Summe

$$V = m_1 W_1 \oplus \cdots \oplus m_h W_h , \qquad m_i \text{ ganze Zahlen} \geqq 0 ,$$

äquivalent. Der Charakter φ von V ist gleich $m_1 \chi_1 + \cdots + m_h \chi_h$, und es gilt $m_i = \langle\varphi, \chi_i\rangle$. (Dies läßt sich insbesondere auf das Tensorprodukt $W_i \otimes W_j$ zweier irreduzibler Darstellungen anwenden, woraus sich ergibt, daß sich das Produkt $\chi_i \cdot \chi_j$ in $\chi_i \cdot \chi_j = \sum m_{ij}^k \chi_k$ zerlegt, wobei die m_{ij}^k ganze Zahlen $\geqq 0$ sind.) Die Orthogonalitätsrelationen zwischen den χ_i ziehen ferner nach sich

$$\langle\varphi, \varphi\rangle = \sum_{i=1} m_i^2 ,$$

woraus folgt:

Satz 5. *Wenn φ der Charakter einer Darstellung V ist, so ist $(\varphi|\varphi)$ eine ganze Zahl, und es gilt dann und nur dann $\langle\varphi, \varphi\rangle = 1$, wenn V irreduzibel ist.*

In der Tat ist $\sum m_i^2$ nur dann gleich 1, wenn eines der m_i gleich 1 ist und die anderen 0 sind, d. h., wenn V zu einem der W_i äquivalent ist. Man erhält damit ein sehr bequemes *Irreduzibilitätskriterium.*

2.4. Zerlegung der regulären Darstellung

Bezeichnungen. Bis zum Schluß von § 2 bezeichnen wir mit $\chi_1, \ldots, \chi_h$ die verschiedenen Charaktere der irreduziblen Darstellungen von G und mit $n_1, \ldots, n_h$ ihre Grade; dann gilt $n_i = \chi_i(1)$, vgl. Auss. 1.

R sei die *reguläre Darstellung* von G. Wir erinnern daran (vgl. 1.2), daß sie eine Basis $(e_t)_{t \in G}$ mit $\varrho_s e_t = e_{st}$ besitzt. Ist $s \neq 1$, so gilt auch $s\,t \neq t$

für alle t, woraus hervorgeht, daß die Diagonalglieder der Matrix von ϱ_s Null sind; insbesondere ist $Tr(\varrho_s) = 0$. Für $s = 1$ andererseits gilt $Tr(\varrho_s) = Tr(1) = \dim(R) = g$. Hieraus folgt:

Aussage 4. *Der Charakter φ der regulären Darstellung wird durch die Formeln*

$$\varphi(1) = g = \text{Ordnung von } G\,,$$

$$\varphi(s) = 0\,, \qquad \text{wenn } s \neq 1\,,$$

gegeben.

Korollar 1. *Jede irreduzible Darstellung W_i ist in der regulären Darstellung so oft enthalten, wie ihr Grad n_i angibt.*

Nach Satz 4 ist die Anzahl nämlich gleich $\langle\varphi, \chi_i\rangle$. Es gilt aber

$$\langle\varphi, \chi_i\rangle = \frac{1}{g} \sum_{s \in G} \varphi(s)^* \chi_i(s) = \frac{1}{g} \cdot g\, \chi_i(1) = \chi_i(1) = n_i\,.$$

Korollar 2. *Die Grade n_i genügen der Beziehung $\sum_{i=1}^{h} n_i^2 = g$.*

In der Tat ist nach Korollar 1 $\varphi = \sum n_i \chi_i$, und indem man auf beiden Seiten zu den Graden übergeht, erhält man $g = \sum n_i^2$.

Bemerkungen. 1. Das obige Ergebnis läßt sich verwenden, wenn man irreduzible Darstellungen einer gegebenen Gruppe G sucht: angenommen, man habe bereits paarweise inäquivalente irreduzible Darstellungen der Grade $n_1, \ldots, n_k$ konstruiert, dann ist notwendig und hinreichend dafür, daß dies (bis auf Äquivalenz) *alle* irreduziblen Darstellungen von G sind, daß $n_1^2 + \cdots + n_k^2 = g$ gilt.

2. Wir werden später (Teil I, 6.4) eine andere Eigenschaft der Grade n_i kennenlernen: sie sind *Teiler* der Gruppenordnung g von G.

2.5. Anzahl der irreduziblen Darstellungen

Wir erinnern daran (vgl. 2.5), daß eine Funktion f auf G *zentral* heißt, wenn $f(t\,s\,t^{-1}) = f(s)$ für alle $s, t \in G$ ist.

Aussage 5. *Es sei f eine zentrale Funktion auf G und ϱ: $G \to GL(V)$ eine lineare Darstellung von G. ϱ_f sei die durch die Formel*

$$\varrho_f = \sum_{t \in G} f(t)\, \varrho_t$$

definierte lineare Abbildung von V in sich. Wenn V irreduzibel vom Grad n ist und zum Charakter χ gehört, so ist ϱ_f eine Multiplikation mit dem durch

$$\lambda = \frac{1}{n} \sum_{t \in G} f(t)\, \chi(t) = \frac{g}{n} \langle f^*, \chi \rangle$$

gegebenen Faktor λ.

Berechnen wir $\varrho_s^{-1}\, \varrho_f\, \varrho_s$! Es gilt

$$\varrho_s^{-1}\, \varrho_f\, \varrho_s = \sum_{t \in G} f(t)\, \varrho_s^{-1}\, \varrho_t\, \varrho_s = \sum_{t \in G} f(t)\, \varrho_{s^{-1} t s} .$$

Mit $u = s^{-1}\, t\, s$ läßt sich das in der Form

$$\varrho_s^{-1}\, \varrho_f\, \varrho_s = \sum_{u \in G} f(s\, u\, s^{-1})\, \varrho_u = \sum_{u \in G} f(u)\, \varrho_u = \varrho_f$$

schreiben. Wir bekommen also $\varrho_f\, \varrho_s = \varrho_s\, \varrho_f$. Nach dem zweiten Teil der Aussage 3 zieht dies nach sich, daß ϱ_f eine Homothetie λ ist. Die Spur von λ ist $n\, \lambda$; diejenige von ϱ_f ist

$$\sum_{t \in G} f(t)\, Tr(\varrho_t) = \sum_{t \in G} f(t)\, \chi(t) .$$

Hieraus folgt

$$\lambda = \frac{1}{n} \sum_{t \in G} f(t)\, \chi(t) = \frac{g}{n} \langle f^*, \chi \rangle , \quad \text{q. e. d.}$$

Wir führen jetzt den Vektorraum H der *zentralen Funktionen* auf G ein; die verschiedenen Charaktere $\chi_1, \ldots, \chi_h$ der irreduziblen Darstellungen von G sind Elemente von H.

Satz 6. *Die Charaktere $\chi_1, \ldots, \chi_h$ bilden eine Orthonormalbasis von H.*

Satz 3 zeigt, daß die Elemente $\chi_1, \ldots, \chi_h$ ein Orthonormalsystem in H bilden. Es bleibt noch zu zeigen, daß dieses System vollständig ist, d. h., daß jedes zu den χ_i orthogonale Element von H verschwindet. Nun sei etwa f ein solches Element. Für jede Darstellung $\varrho\colon G \to GL(V)$ von G setzen wir $\varrho_{f^*} = \sum_{t \in G} f(t)^*\, \varrho_t$. Da f zu den χ_i orthogonal ist, zeigt die Aussage 5 oben, daß ϱ_{f^*} Null ist, wenn V irreduzibel ist; durch Zerlegung in eine direkte Summe schließt man hieraus, daß ϱ_{f^*} stets Null ist. Wenden wir dies auf die reguläre Darstellung R an, und berechnen wir die Transformierte des Basisvektors e_1 durch ϱ_{f^*}! Es ergibt sich

$$\varrho_{f^*}\, e_1 = \sum_{t \in G} f(t)^*\, \varrho_t\, e_1 = \sum_{t \in G} f(t)^*\, e_t .$$

Da ϱ_{f^*} Null ist, zieht das $f(t)^* = 0$ für alle t nach sich, woraus $f = 0$ folgt. Damit ist der Beweis erbracht.

Wir erinnern andererseits daran, daß zwei Elemente t und t' von G *konjugiert* heißen, wenn ein $s \in G$ mit $t' = s\,t\,s^{-1}$ existiert; das stellt eine Äquivalenzrelation dar, die eine *Klasseneinteilung* von G bewirkt.

Satz 7. *Die Anzahl der irreduziblen Darstellungen von G (bis auf Äquivalenz) ist gleich der Anzahl der Klassen konjugierter Elemente von G.*

$C_1, \ldots, C_k$ seien die verschiedenen Klassen konjugierter Elemente von G. Die Aussage, daß eine Funktion f auf G *zentral* sei, ist gleichbedeutend damit, daß sie auf jeder der Klassen $C_1, \ldots, C_k$ *konstant* ist; sie wird also durch ihre Werte $\lambda_1, \ldots, \lambda_k$ auf diesen Klassen festgelegt, die willkürlich gewählt werden können. Hieraus folgt, daß die Dimension des Raumes H der zentralen Funktionen gleich k ist. Andererseits ist diese Dimension nach Satz 6 gleich der Anzahl der irreduziblen Darstellungen von G (bis auf Äquivalenz). Daraus folgt die Behauptung.

Wir wollen schnell noch auf eine andere Folgerung aus Satz 6 hinweisen:

Es sei $s \in G$, c_s die Elementezahl der Klasse konjugierter Elemente, der s angehört, und f_s diejenige Funktion, die auf der Klasse von s gleich 1 und sonst 0 ist.

Da dies eine zentrale Funktion darstellt, ergibt sich aus Satz 6, daß sie sich in der Form

$$f_s = \sum_{i=1}^{h} x_i\,\chi_i \qquad \text{mit} \quad x_i = \langle \chi_i, f_s \rangle = \frac{c_s}{g}\,\chi_i(s)^*$$

schreiben läßt. Für jedes $t \in G$ gilt also

$$f_s(t) = \frac{c_s}{g} \sum_{i=1}^{h} \chi_i(s)^*\,\chi_i(t)\,.$$

Ausführlich geschrieben, liefert das die Formeln

$$(\text{für } t = s)\text{:} \quad \sum_{i=1}^{h} \chi_i(s)^*\,\chi_i(s) = \frac{g}{c_s}\,,$$

$$(\text{für } t \text{ nicht konjugiert zu } s)\text{:} \quad \sum_{i=1}^{h} \chi_i(s)^*\,\chi_i(t) = 0.$$

2.6. Die kanonische Zerlegung einer Darstellung

Es sei $\varrho\colon G \to GL(V)$ eine lineare Darstellung von G. Wir wollen eine direkte Summenzerlegung von V definieren, die weniger „fein“ als die

Zerlegung in irreduzible Darstellungen ist, die aber den Vorzug genießt, *eindeutig* zu sein. Sie läßt sich folgendermaßen gewinnen:

Zunächst seien $\chi_1, \ldots, \chi_h$ die verschiedenen Charaktere der irreduziblen Darstellungen $W_1, \ldots, W_h$ von G und $n_1, \ldots, n_h$ ihre Grade. Andererseits sei $V = U_1 \oplus \cdots \oplus U_m$ eine Zerlegung von V als direkte Summe irreduzibler Darstellungen. Für $i = 1, \ldots, h$ wollen wir mit V_i die direkte Summe derjenigen der $U_1, \ldots, U_m$ bezeichnen, die zu W_i äquivalent sind. Es ist klar, daß dann

$$V = V_1 \oplus \cdots \oplus V_h$$

gilt. (Mit anderen Worten, V wird zunächst in eine direkte Summe irreduzibler Darstellungen zerlegt, und dann werden äquivalente Darstellungen *zusammengefaßt*.)

Das ist die *kanonische Zerlegung*, die wir im Auge haben. Sie besitzt die folgenden Eigenschaften:

Satz 8. (1) *Die Zerlegung $V = V_1 \oplus \cdots \oplus V_h$ hängt nicht von der ursprünglich gewählten Zerlegung in irreduzible Darstellungen ab.*

(2) *Der zu dieser Zerlegung gehörige Projektor p_i von V auf V_i wird durch die Formel*

$$p_i = \frac{n_i}{g} \sum_{t \in G} \chi_i(t)^* \varrho_t$$

gegeben.

Wir wollen (2) beweisen. Die Behauptung (1) ergibt sich hieraus, denn die Projektoren p_i bestimmen die V_i. Wir setzen

$$q_i = \frac{n_i}{g} \sum_{t \in G} \chi_i(t)^* \varrho_t .$$

Die Aussage 5 zeigt, daß die Einschränkung von q_i auf eine irreduzible Darstellung W mit dem Charakter χ und dem Grad n eine Multiplikation mit dem Faktor $\frac{n_i}{n} \langle \chi_i, \chi \rangle$ ist; sie ist also 0, wenn $\chi \neq \chi_i$ ist, und 1, wenn $\chi = \chi_i$ ist.

q_i stellt mit anderen Worten auf einer zu W_i äquivalenten irreduziblen Darstellung die Identität dar und verschwindet auf den anderen. Im Hinblick auf die Definition der V_i folgt hieraus, daß q_i auf V_i die Identität und auf den V_j mit $j \neq i$ Null ist. Zerlegt man ein Element $x \in V$ in seine Komponenten $x_i \in V_i$:

$$x = x_1 + \cdots + x_h ,$$

so bekommt man also $q_i(x) = q_i(x_1) + \cdots + q_i(x_h) = x_i$. Das bedeutet, daß q_i gleich dem Projektor p_i von V auf V_i ist, q.e.d.

Die Zerlegung einer Darstellung B läßt sich demnach in zwei Schritten durchführen. Man ermittelt zunächst die kanonische Zerlegung $V = V_1 \oplus \cdots \oplus V_h$, was mittels der Formeln für die Projektoren p_i ohne Schwierigkeiten geschehen kann. Hernach wählt man erforderlichenfalls eine Zerlegung von V_i in eine direkte Summe irreduzibler Darstellungen, die sämtlich zu W_i äquivalent sind:

$$V_i = W_i \oplus \cdots \oplus W_i \, .$$

Diese letztere Zerlegung läßt sich im allgemeinen auf unendlich viele Weisen durchführen (sie ist ebenso willkürlich wie die Wahl einer Basis in einem Vektorraum, vgl. Bemerkung 2, unten).

Am folgenden Beispiel läßt sich dieser Sachverhalt gut veranschaulichen. Als G nehmen wir die aus zwei Elementen bestehende Gruppe $\{1, s\}$ mit $s^2 = 1$. Diese Gruppe besitzt zwei irreduzible Darstellungen, W^+ und W^-, die $\varrho_s = +1$ und $\varrho_s = -1$ entsprechen. Die kanonische Zerlegung einer Darstellung V lautet also $V = V^+ \oplus V^-$; die Komponente V^+ wird von den $x \in V$ gebildet, die symmetrisch sind ($\varrho_s x = x$), die Komponente V^- dagegen von denen, die antisymmetrisch sind ($\varrho_s x = -x$). Die entsprechenden Projektoren sind:

$$p^+ x = \frac{x + \varrho_s x}{2}, \qquad p^- x = \frac{x - \varrho_s x}{2}.$$

V^+ und V^- in irreduzible Komponenten zu zerlegen, bedeutet einfach, diese Räume als direkte Summe von *Geraden* zu zerlegen.

Bemerkungen. 1. Es sei $x \in V_i$ und $V(x)$ der von den $\varrho_s x$ mit $s \in G$ erzeugte lineare Unterraum; das ist eine Teildarstellung von V_i. Zerlegt man sie in irreduzible Darstellungen, so findet man eine gewisse Anzahl von Malen (etwa m-mal) die Darstellung W_i. Die ganze Zahl m (die von x abhängt) ist *nicht notwendig gleich* 1 (mit anderen Worten, man kann nicht immer sagen, x „transformiere sich wie W_i“); alles, was sich beweisen läßt, ist, daß m kleiner oder gleich der Dimension n_i von W_i ist.

2. H_i sei der Vektorraum der linearen Abbildungen h von W_i in V_i (oder in V, was auf dasselbe hinausläuft), die der Beziehung $\varrho_s h = h \varrho_s$ genügen. $h_1, \ldots, h_k$ sei eine Basis von H_i. Wir bilden die direkte Summe $W_i \oplus \cdots \oplus W_i$ von k Exemplaren W_i. Das System $(h_1, \ldots, h_k)$ definiert in offensichtlicher Weise eine lineare Abbildung h von $W_i \oplus \cdots \oplus W_i$

in V_i; man kann zeigen, daß es sich hierbei um einen *Isomorphismus* (von Darstellungen) handelt und daß sich jeder Isomorphismus auf diese Weise gewinnen läßt. Mit anderen Worten, *die Zerlegungen von V_i in eine direkte Summe irreduzibler Darstellungen* (die der Festlegung eines Isomorphismus von $W_i \oplus \cdots \oplus W_i$ auf V_i äquivalent sind) entsprechen den *Basen des Vektorraums H_i*.

§ 3. Ergänzungen

3.1. Kommutative Gruppen

Eine Gruppe G heißt *kommutativ*, wenn $s\,t = t\,s$ für alle $s, t \in G$ gilt. Die linearen Darstellungen dieser Gruppen sind besonders einfach:

Satz 9. *Wenn G kommutativ ist, so haben alle irreduziblen Darstellungen von G den Grad* 1.

Es sei $\varrho\colon G \to GL(V)$ eine irreduzible Darstellung von G und $t \in G$. Da $s\,t = t\,s$ für alle $s \in G$ ist, bekommt man außerdem

$$\varrho_s\,\varrho_t = \varrho_t\,\varrho_s\,.$$

Nach Aussage 3 (Schursches Lemma) folgt hieraus, daß ϱ_t eine Homothetie ist. Da dies für jedes $t \in G$ gilt, erkennt man, daß jeder lineare Unterraum von V gegenüber G invariant ist; im Hinblick auf die Irreduzibilität von V zieht dies $\dim(V) = 1$ nach sich, q. e. d.

Bemerkung. Es gilt auch die Umkehrung des vorstehenden Satzes: Wenn alle irreduziblen Darstellungen von G die Dimension 1 haben, so ist G kommutativ. Sei in der Tat g die Ordnung von G. Dann gilt $g = \sum n_i^2$, wo die n_i die Grade der irreduziblen Darstellungen bezeichnen (vgl. 2.4). Da hier die n_i gleich 1 sind, sieht man, daß die Anzahl der irreduziblen Darstellungen gleich g ist. Andererseits ist diese Zahl aber bekanntlich (vgl. 2.5) gleich der Anzahl h der Klassen konjugierter Elemente von G. Es gilt also $h = g$, was nur möglich ist, wenn sich jede Klasse auf ein Element reduziert, d. h., wenn G kommutativ ist.

3.2. Produkt zweier Gruppen

Es seien G_1 und G_2 zwei Gruppen und $G_1 \times G_2$ ihr *Mengenprodukt*, d. h. die Menge der Paare (s_1, s_2) mit $s_1 \in G_1$, $s_2 \in G_2$. Indem man

$$(s_1, s_2) \cdot (t_1, t_2) = (s_1\,t_1, s_2\,t_2)$$

setzt, definiert man auf $G_1 \times G_2$ eine Gruppenstruktur; mit dieser Struktur versehen, heißt $G_1 \times G_2$ das *direkte Produkt* von G_1 und G_2. Wenn G_1 die Ordnung g_1 und G_2 die Ordnung g_2 hat, so besitzt $G_1 \times G_2$ die Ordnung $g = g_1 g_2$. Die Gruppe G_1 kann mit der aus den Elementen $(s_1, 1)$, wo s_1 G_1 durchläuft, gebildeten Untergruppe identifiziert werden; ebenso kann G_2 mit einer Untergruppe von $G_1 \times G_2$ identifiziert werden; nimmt man diese Identifikationen vor, so *kommutiert* jedes Element von G_1 mit jedem Element von G_2.

Umgekehrt sei G eine Gruppe, die G_1 und G_2 als Untergruppen enthält, und es seien die beiden folgenden Bedingungen erfüllt.

(1) *Jedes $s \in G$ läßt sich in eindeutiger Weise in der Form $s = s_1 s_2$ mit $s_1 \in G_1$ und $s_2 \in G_2$ schreiben.*

(2) *Wenn $s_1 \in G_1$ und $s_2 \in G_2$ ist, so gilt $s_1 s_2 = s_2 s_1$.*

Das Produkt zweier Elemente $s = s_1 s_2$ und $t = t_1 t_2$ läßt sich dann in der Form $s\,t = s_1 s_2 t_1 t_2 = (s_1 t_1)(s_2 t_2)$ schreiben. Hieraus folgt, daß man, wenn man $(s_1, s_2) \in G_1 \times G_2$ das Element $s_1 s_2$ von G zuordnet, einen *Isomorphismus* von $G_1 \times G_2$ auf G erhält. In diesem Falle sagt man auch, G sei das *Produtk* (*oder das direkte* (*interne*) *Produkt*) seiner Untergruppen G_1 und G_2.

Es seien jetzt $\varrho^1\colon G_1 \to GL(V_1)$ und $\varrho^2\colon G_2 \to GL(V_2)$ lineare Darstellungen von G_1 bzw. G_2. Man definiert dann eine lineare Darstellung $\varrho^1 \otimes \varrho^2$ von $G_1 \times G_2$ in $V_1 \otimes V_2$ durch ein zu 1.5 analoges Verfahren; man setzt

$$\varrho^1 \otimes \varrho^2(s_1, s_2) = \varrho^1(s_1) \otimes \varrho^2(s_2)\,.$$

Diese Darstellung heißt gleichfalls das *Tensorprodukt* der Darstellungen ϱ^1 und ϱ^2. Wenn χ_i der Charakter von ϱ^i $(i = 1, 2)$ ist, so wird der Charakter χ von $\varrho^1 \otimes \varrho^2$ durch

$$\chi(s_1, s_2) = \chi_1(s_1)\,\chi_2(s_2)$$

gegeben.

Satz 10. (1) *Wenn ϱ^1 und ϱ^2 irreduzibel sind, so ist $\varrho^1 \otimes \varrho^2$ eine irreduzible Darstellung von $G_1 \times G_2$.*

(2) *Jede irreduzible Darstellung von $G_1 \times G_2$ ist zu einer Darstellung $\varrho^1 \otimes \varrho^2$ äquivalent, wo ϱ^i eine irreduzible Darstellung von G_i ist* $(i = 1, 2)$.

Wenn ϱ^1 und ϱ^2 irreduzibel sind, so gilt (vgl. 2.3):

$$\frac{1}{g_1} \sum_{s_1} |\chi_1(s_1)|^2 = 1\,, \qquad \frac{1}{g_2} \sum_{s_2} |\chi_2(s_2)|^2 = 1\,.$$

Durch Ausmultiplikation ergibt sich hieraus

$$\frac{1}{g} \sum_{s_1, s_2} |\chi(s_1, s_2)|^2 = 1\,,$$

was gerade zeigt, daß $\varrho^1 \otimes \varrho^2$ irreduzibel ist (Satz 5). Um (2) zu beweisen, braucht man nur zu zeigen, daß jede zentrale Funktion f auf $G_1 \times G_2$, die zu den Charakteren der Form $\chi_1(s_1)\,\chi_2(s_2)$ orthogonal ist, verschwindet. Angenommen also, es gelte

$$\sum_{s_1, s_2} f(s_1, s_2)^* \, \chi_1(s_1)\, \chi_2(s_2) = 0\,.$$

Indem man $g(s_1) = \sum_{s_2} f(s_1, s_2)^* \, \chi_2(s_2)$ setzt, kann man hierfür auch schreiben:

$$\sum_{s_1} g(s_1)\, \chi_1(s_1) = 0 \qquad \text{für alle } \chi_1\,.$$

Da g eine zentrale Funktion ist, zieht dies $g = 0$ nach sich, und da das für jedes χ_2 gilt, schließt man hieraus auf dieselbe Weise, daß $f(s_1, s_2) = 0$ ist, q. e. d.

(Man kann (2) auch dadurch beweisen, daß man die Quadratsumme der Grade der Darstellungen $\varrho^1 \otimes \varrho^2$ berechnet und darauf 2.4 anwendet.)

Durch den vorstehenden Satz wird die Untersuchung der Darstellungen von $G_1 \times G_2$ völlig auf die der Darstellungen von G_1 und der Darstellungen von G_2 zurückgeführt.

§ 4. Erweiterung auf kompakte Gruppen

4.1. Kompakte Gruppen

Eine *topologische Gruppe* G ist eine Gruppe, die mit einer *Topologie* versehen ist, in der das Produkt $s \cdot t$ und das Inverse s^{-1} stetig sind. Eine solche Gruppe heißt *kompakt*, wenn ihre Topologie die eines kompakten Raumes ist, d. h., wenn für sie der BOREL-LEBESGUEsche Überdeckungssatz gilt. Beispielsweise besitzt die Gruppe der *Drehungen* um einen Punkt im euklidischen Raum der Dimension 2 (oder 3, . . .) eine natürliche Topologie, durch die aus ihr eine kompakte Gruppe wird; ihre *abgeschlossenen Untergruppen* sind gleichfalls kompakte Gruppen.

(Als Beispiele für *nichtkompakte* Gruppen wollen wir die Gruppe der *Translationen* $x \mapsto x + a$ und die Gruppe der linearen Abbildungen nennen, die die quadratische Form $x^2 + y^2 + z^2 - t^2$ invariant lassen („LORENTZ-Gruppe"); die linearen Darstellungen dieser Gruppen besitzen Eigenschaften, die von denen im kompakten Falle ganz und gar verschieden sind.)

4.2. *Invariantes Maß auf einer kompakten Gruppe*

Bei der Untersuchung der linearen Darstellungen einer endlichen Gruppe G der Ordnung g haben wir in ausgedehntem Maße von der Operation der *Mittelbildung* auf G Gebrauch gemacht, durch die einer Funktion f auf G das Element $f^0 = \frac{1}{g} \sum_{t \in G} f(t)$ zugeordnet wird (die Werte von f können komplexe Zahlen oder allgemeiner Elemente eines gewissen Vektorraumes sein). Eine analoge Operation gibt es für die kompakten Gruppen; dabei tritt freilich an die Stelle einer endlichen Summe ein Integral $\int_G f(t)\, dt$ bezüglich eines Maßes dt auf G. Genauer: man beweist die *Existenz und Eindeutigkeit* eines Maßes dt, das die folgenden Eigenschaften besitzt:

(1) $\int_G f(t)\, dt = \int_G f(t\,s)\, dt$ für jede Funktion f und jedes $s \in G$ (*Rechtsinvarianz von* dt).

(2) $\int_G dt = 1$ (*die Gesamtmasse von* dt *ist gleich* 1).

Man beweist ferner, daß dt *linksinvariant* ist, mit anderen Worten, daß es die Eigenschaft

(1′) $\int_G f(t)\, dt = \int_G f(s\,t)\, dt$

besitzt.

Das Maß dt heißt *invariantes Maß* (oder HAARsches *Maß*) der Gruppe G. Wir wollen zwei Beispiele geben (weitere werden wir in § 5 kennenlernen):

(1) Wenn G endlich von der Ordnung g ist, so besteht das Maß dt darin, jedem Element $t \in G$ eine Masse gleich $\frac{1}{g}$ zuzuordnen.

(2) Wenn G die Gruppe C_∞ der Drehungen der Ebene ist und wenn man die Elemente $t \in G$ in der Form $t = e^{i\alpha}$ (α modulo 2π genommen) darstellt, ist das invariante Maß das Maß $\frac{1}{2\pi}\, d\alpha$; der Faktor $\frac{1}{2\pi}$ dient dazu, die Bedingung (2) sicherzustellen.

4.3. *Lineare Darstellungen kompakter Gruppen*

Es sei G eine kompakte Gruppe und V ein Vektorraum endlicher Dimension über dem Körper der komplexen Zahlen. Eine lineare Darstellung von G in V ist ein Homomorphismus $\varrho\colon G \to GL(V)$, der *stetig* ist; diese

Bedingung ist äquivalent zu der Aussage, daß $\varrho_s x$ eine stetige Funktion der beiden Variablen $s \in G$ und $x \in V$ ist. Ebenso definiert man allgemeiner die linearen Darstellungen von G in einem HILBERT-Raum; man beweist übrigens, daß eine solche Darstellung *direkte Summe endlichdimensionaler Darstellungen* ist, weshalb wir uns auf die letzteren beschränken können.

(In praxi ist es stets trivial, die Stetigkeitsbedingung an ϱ zu verifizieren; schwierig ist es gerade, unstetige ϱ' s zu konstruieren.)

Die meisten Eigenschaften der Darstellungen endlicher Gruppen lassen sich auf kompakte Gruppen ausdehnen; man braucht nur die Ausdrücke „$\frac{1}{g} \sum_{t \in G} \ldots$" durch „$\int_G \ldots dt$" zu ersetzen. Das *Skalarprodukt* $\langle \varphi, \psi \rangle$ zweier Funktionen φ und ψ beispielsweise lautet:

$$\langle \varphi, \psi \rangle = \int_G \psi(t)^* \varphi(t)\, dt .$$

Genauer:

(a) Die Sätze 1, 2, 3, 4, 5 bleiben samt ihren Beweisen ungeändert gültig. Ebenso verhält es sich mit den Aussagen 1, 2, 3.

(b) In 2.4 muß man die reguläre Darstellung R als den HILBERT-Raum der quadratisch über G summierbaren Funktionen definieren, auf dem die Gruppe gemäß $(\varrho_s f)(t) = f(s^{-1} t)$ operiert; wenn G nicht endlich ist, ist diese Darstellung unendlichdimensional, und man kann nicht mehr von ihrem Charakter sprechen: die Aussage 4 hat also keinen Sinn mehr. Indessen bleibt bestehen, daß jede irreduzible Darstellung W_i in R so oft enthalten ist, wie ihr Grad angibt.

(c) Die Aussage 5 und der Satz 6 bleiben ungeändert in kraft (in Satz 6 nimmt man für H den HILBERT-Raum der auf G quadratisch integrablen zentralen Funktionen).

(d) Satz 7 ist richtig (aber ohne Interesse), wenn G nicht endlich ist: es gibt dann unendlich viele Klassen konjugierter Elemente und unendlich viele irreduzible Darstellungen.

(e) Satz 8 ist samt seinem Beweis ungeändert gültig. Insbesondere zerlegt sich jedes $x \in V$ in $x = \sum p_i x$, wobei die Komponenten $p_i x$ durch die Formeln

$$p_i x = n_i \int_G \chi_i(t)^* \varrho_t x\, dt$$

gegeben werden.

(f) Die Sätze 9 und 10 sind samt ihren Beweisen ungeändert gültig. Man bemerkt bei dieser Gelegenheit, daß das invariante Maß des direkten Produkts $G_1 \times G_2$ das Produkt $ds_1 \cdot ds_2$ der invarianten Maße der Gruppen G_1 und G_2 ist.

§ 5. Beispiele

5.1. Die zyklische Gruppe C_n

Das ist die aus den Potenzen $1, r, \ldots, r^{n-1}$ eines Elements r mit $r^n = 1$ gebildete Gruppe der Ordnung n. Man kann sie als die Gruppe der Drehungen um eine Achse um $2k\pi/n$ realisieren. Es handelt sich hierbei um eine kommutative Gruppe.

Nach Satz 9 sind die irreduziblen Darstellungen von C_n vom Grad 1. Eine solche Darstellung ordnet r eine komplexe Zahl $\chi(r) = w$ und r^k die Zahl $\chi(r^k) = w^k$ zu; da $r^n = 1$ ist, muß $w^n = 1$ gelten, d. h. $w = e^{2\pi i h/n}$ mit $h = 0, 1, \ldots, n-1$ sein. Man findet auf diese Weise n *irreduzible Darstellungen vom Grad* 1, deren Charaktere $\chi_0, \chi_1, \ldots, \chi_{n-1}$ durch die Formeln

$$\chi_h(r^k) = e^{2\pi i h k/n}$$

gegeben werden.

Für $n = 3$ beispielsweise sieht die Tabelle der irreduziblen Charaktere folgendermaßen aus:

	1	r	r^2
χ_0	1	1	1
χ_1	1	w	w^2
χ_2	1	w^2	w

mit $w = e^{2\pi i/3}$.

5.2. Die Gruppe C_∞

Das ist die Gruppe der *Drehungen* der Ebene. Wenn man mit r_α die Drehung um einen (modulo 2π bestimmten) Winkel α bezeichnet, ist das invariante Maß auf C_∞ $\frac{1}{2\pi}\,d\alpha$ (vgl. 4.2). Die irreduziblen Darstellungen von C_∞ haben den Grad 1. Man sieht leicht, daß sie durch

$$\chi_n(r_\alpha) = e^{i n \alpha} \qquad (n \text{ ganze Zahl von beliebigem Vorzeichen})$$

gegeben werden. Die Orthogonalitätsrelationen der Charaktere liefern hier die wohlbekannten Formeln

$$\frac{1}{2\pi}\int_0^{2\pi} e^{-i n \alpha} \cdot e^{i m \alpha}\, d\alpha = \delta_{n m}$$

wieder, und Satz 6 gibt die Entwicklung einer periodischen Funktion in eine FOURIER-Reihe.

5.3. Die Diedergruppe D_n

Das ist die Gruppe der Drehungen und Spiegelungen der Ebene, die ein reguläres n-Eck invariant lassen. Sie enthält n Drehungen, die eine zu C_n isomorphe Untergruppe bilden, und n Spiegelungen; ihre Ordnung ist gleich $2n$. Wenn man mit r die Drehung um $2\pi/n$ und mit s irgendeine der Spiegelungen bezeichnet, erhält man die Relationen

$$r^n = 1\,, \qquad s^2 = 1\,, \qquad s\,r\,s = r^{-1}\,.$$

Jedes Element von D_n läßt sich in eindeutiger Weise entweder in der Form r^k mit $0 \leqq k \leqq n-1$ (wenn es C_n angehört) oder in der Form $s\,r^k$ mit $0 \leqq k \leqq n-1$ (wenn es nicht zu C_n gehört) schreiben. Man beachte, daß die Relation $s\,r\,s = r^{-1}$ zur Folge hat $s\,r^k\,s = r^{-k}$, woraus $(s\,r^k)^2 = 1$ folgt.

Realisierungen von D_n als Gruppe von Bewegungen des dreidimensionalen Raumes.

Deren gibt es mehrere:

a) Die übliche Realisierung (die traditionell mit D_n bezeichnet wird, vgl. z. B. EYRING [5]). Man nimmt als Drehungen die Drehungen um die

z-Achse und als Spiegelungen die Spiegelungen an n Geraden der xy-Ebene, die untereinander Winkel π/n bilden.

b) Die Realisierung mittels der Gruppe C_{nv} (Bezeichnungen nach EYRING [5]). An Stelle von Spiegelungen an *Geraden* der xy-Ebene nimmt man Spiegelungen an *Ebenen* durch die z-Achse.

c) Die Gruppe D_{2n} läßt sich außerdem als die Gruppe D_{nd} realisieren (Bezeichnungen nach EYRING [5]).

Irreduzible Darstellungen der Gruppe D_n (n gerade $\geqq 2$).

Zunächst gibt es vier Darstellungen ersten Grades, die man erhält, indem man r und s auf alle möglichen Arten ± 1 zuordnet. Ihre Charaktere ψ_1, ψ_2, ψ_3, ψ_4 werden durch die folgende Tabelle gegeben:

	r^k	$s\,r^k$
ψ_1	1	1
ψ_2	1	-1
ψ_3	$(-1)^k$	$(-1)^k$
ψ_4	$(-1)^k$	$(-1)^{k+1}$

Gehen wir jetzt zu den Darstellungen vom Grade 2 über! Wir setzen $w = e^{2\pi i/n}$; h sei irgendeine ganze Zahl. Dann wird durch

$$\varrho^h(r^k) = \begin{pmatrix} w^{hk} & 0 \\ 0 & w^{-hk} \end{pmatrix}, \qquad \varrho^h(s\,r^k) = \begin{pmatrix} 0 & w^{-hk} \\ w^{hk} & 0 \end{pmatrix}$$

eine Darstellung ϱ^h von D_n definiert.

Man verifiziert durch unmittelbares Nachrechnen, daß es sich hierbei wirklich um eine *Darstellung* handelt. Diese Darstellung hängt nur von der Restklasse von h modulo n ab; ferner sind ϱ^h und ϱ^{n-h} äquivalent. Man kann also $0 \leqq h \leqq n/2$ annehmen. Die extremen Fälle $h = 0$ und $h = n/2$ sind uninteressant: die entsprechenden Darstellungen sind reduzibel. Dagegen ist ϱ^h für $0 < h < n/2$ *irreduzibel*: wegen $w^h \neq w^{-h}$

sind die einzigen gegenüber $\varrho^h(r)$ invarianten Geraden die Koordinatenachsen, diese sind aber gegenüber $\varrho^h(s)$ nicht invariant. Ebenso läßt sich begründen, daß diese Darstellungen paarweise inäquivalent sind.

Die entsprechenden Charaktere χ_h werden durch die Formeln

$$\chi_h(r^k) = w^{hk} + w^{-hk} = 2 \cos \frac{2\pi h k}{n},$$

$$\chi_h(s\, r)^k = 0$$

gegeben.

Die oben konstruierten irreduziblen Darstellungen vom Grade 1 und 2 sind die *einzigen irreduziblen Darstellungen* von D_n (bis auf Äquivalenz). In der Tat ist die Quadratsumme ihrer Grade gleich $4 \times 1 + \left(\frac{n}{2} - 1\right) \times 4 = 2n$, was gerade die Ordnung von D_n ist.

Beispiel. Die Gruppe D_n besitzt 4 Darstellungen ersten Grades mit den Charakteren $\psi_1, \psi_2, \psi_3, \psi_4$ und 2 irreduzible Darstellungen vom Grade 2 mit den Charakteren χ_1 und χ_2.

Irreduzible Darstellungen der Gruppe D_n (n ungerade).

Es gibt nur 2 Darstellungen ersten Grades mit den durch die Tabelle gegebenen Charakteren ψ_1 und ψ_2:

	r^k	$s\,r^k$
ψ_1	1	1
ψ_2	1	-1

Die Darstellungen ϱ^h andererseits werden durch dieselben Formeln wie im Falle eines geraden n definiert. Diejenigen mit $0 < h < n/2$ sind irreduzibel und paarweise inäquivalent (man beachte, daß die Bedingung $h < n/2$, da n ungerade ist, auch $h \leqq \frac{n-1}{2}$ lautet). Die Formeln für die Charaktere sind dieselben.

Diese Darstellungen sind die *einzigen*. In der Tat ist die Quadratsumme ihrer Grade gleich $2 \times 1 + \frac{n-1}{2} \times 4 = 2n$, was gerade die Ordnung von D_n ist.

5.4. *Die Gruppe* D_{nh}

Das ist das Produkt $D_n \times I$, wo I eine Gruppe der Ordnung 2 ist, die aus den Elementen $\{1, i\}$ mit $i^2 = 1$ gebildet wird. Es handelt sich hierbei um eine Gruppe der Ordnung $4n$. Realisiert man D_n auf übliche Weise als Gruppe von Drehungen und Spiegelungen des dreidimensionalen Raumes (vgl. 5.3, a), so kann man D_{nh} als die Gruppe realisieren, die von D_n und der Spiegelung i am Ursprung erzeugt wird; bei dieser Realisierung ist D_{nh} als *Gruppe der Bewegungen zu interpretieren, die ein reguläres n-Eck der xy-Ebene invariant lassen.*

Nach Satz 10 sind die irreduziblen Darstellungen von D_{nh} die Tensorprodukte derjenigen von D_n und derjenigen von I. Nun besitzt die Gruppe I zwei irreduzible Darstellungen, alle beide vom Grade 1. Ihre Charaktere g und u werden durch die Tabelle gegeben:

	1	i
g	1	1
u	1	-1

Hieraus folgt, daß D_{nh} *zweimal so viel irreduzible Darstellungen* besitzt wie D_n. Genauer: Jeder irreduzible Charakter χ von D_n definiert zwei irreduzible Charaktere χ_g und χ_u von D_{nh}, die in der folgenden Tabelle angegeben sind:

	x	$i\,x$
χ_g	$\chi(x)$	$\chi(x)$
χ_u	$\chi(x)$	$-\chi(x)$

(x Element von D_n) .

So gibt beispielsweise der Charakter χ_1 von D_n zu den Charakteren χ_{1g} und χ_{1u} Anlaß:

	r^k	$s\,r^k$	$i\,r^k$	$i\,s\,r^k$
χ_{1g}	$2\cos\dfrac{2\pi k}{n}$	0	$2\cos\dfrac{2\pi k}{n}$	0
χ_{1n}	$2\cos\dfrac{2\pi k}{n}$	0	$-2\cos\dfrac{2\pi k}{n}$	0

Ebenso verfährt man mit den anderen Charakteren von D_n.

5.5. *Die Gruppe* D_∞

Das ist die Gruppe der Drehungen und Spiegelungen der Ebene, die den Ursprung invariant lassen. Sie enthält die Gruppe C_∞ der Drehungen r_α; wenn s irgendeine Spiegelung ist, so gelten die Beziehungen

$$s^2 = 1\,, \qquad s\,r_\alpha\,s = r_{-\alpha}\,.$$

Jedes Element von D_∞ läßt sich eindeutig entweder in der Form r_α (wenn es C_∞ angehört) oder in der Form $s\,r_\alpha$ schreiben (wenn es nicht zu C_∞ gehört); als topologischer Raum betrachtet, wird D_∞ von zwei disjunkten Kreisen gebildet. Das *invariante Maß* von D_∞ ist das Maß $\dfrac{1}{4\pi}\,d\alpha$.

Das bedeutet, daß der *Mittelwert* $\int\limits_G f(t)\,dt$ einer Funktion f durch die Formel

$$\int\limits_G f(t)\,dt = \frac{1}{4\pi}\int\limits_0^{2\pi} f(r_\alpha)\,d\alpha + \frac{1}{4\pi}\int\limits_0^{2\pi} f(s\,r_\alpha)\,d\alpha$$

gegeben wird. Insbesondere lauten die Projektoren p_i von 2.6 folgendermaßen:

$$p_i\,x = \frac{n_i}{4\pi}\int\limits_0^{2\pi} \chi_i(r_\alpha)^*\,\varrho_{r_\alpha}(x)\,d\alpha + \frac{n_i}{4\pi}\int\limits_0^{2\pi} \chi_i(s\,r_\alpha)^*\,\varrho_{s r_\alpha}(x)\,d\alpha\,.$$

Realisierungen von D_∞ ***als Gruppe von Bewegungen des dreidimensionalen Raumes.***

Deren gibt es zwei:

a) Die übliche Realisierung (in EYRING [5] mit D_∞ bezeichnet). Man nimmt die Drehungen um die z-Achse und die Spiegelungen an den durch 0 gehenden Geraden der xy-Ebene.

b) Die Realisierung mittels der Gruppe $C_{\infty v}$ (Bezeichnungen von EYRING [5]): An Stelle der Spiegelungen an Geraden der xy-Ebene nimmt man die Spiegelungen an den durch die z-Achse gehenden *Ebenen*.

Irreduzible Darstellungen der Gruppe D_∞.

Sie lassen sich wie die von D_n konstruieren. Zunächst gibt es zwei Darstellungen ersten Grades mit den durch die folgende Tabelle gegebenen Charakteren ψ_1 und ψ_2:

	r_α	$s\,r_\alpha$
ψ_1	1	1
ψ_2	1	-1

Es gibt eine Folge irreduzibler Darstellungen ϱ^h vom Grade 2 ($h = 1, 2, \ldots$), die durch die Formeln

$$\varrho^h(r_\alpha) = \begin{pmatrix} e^{i h \alpha} & 0 \\ 0 & e^{-i h \alpha} \end{pmatrix}, \qquad \varrho^h(s\,r_\alpha) = \begin{pmatrix} 0 & e^{-i h \alpha} \\ e^{i h \alpha} & 0 \end{pmatrix}$$

definiert werden. Ihre Charaktere $\chi_1, \chi_2, \ldots$ haben die folgenden Werte:

$$\chi_h(r_\alpha) = 2\cos(h\alpha)\,, \qquad \chi_h(s\,r_\alpha) = 0\,.$$

Man kann beweisen, daß das bis auf Äquivalenz gerade *alle irreduziblen Darstellungen* der Gruppe D_∞ sind.

5.6. *Die Gruppe $D_{\infty h}$*

Das ist das Produkt $D_\infty \times I$; man kann sie als die von D_∞ und der Spiegelung i am Ursprung erzeugte Gruppe realisieren. Ihre Elemente lassen sich eindeutig in einer der folgenden vier Formen schreiben:

$$r_\alpha\,, \quad s\,r_\alpha\,, \quad i\,r_\alpha\,, \quad i\,s\,r_\alpha\,.$$

Als topologischer Raum betrachtet, handelt es sich hierbei um die Vereinigung von vier disjunkten Kreisen. Das *invariante Maß* von $D_{\infty h}$ ist $\frac{1}{8\pi}\,d\alpha$; das bedeutet wie oben, daß der Mittelwert $\int\limits_G f(t)\,dt$ einer Funktion f auf $D_{\infty h}$ durch die Formel gegeben wird:

$$\int\limits_G f(t)\,dt = \frac{1}{8\pi}\int\limits_0^{2\pi} f(r_\alpha)\,d\alpha + \frac{1}{8\pi}\int\limits_0^{2\pi} f(s\,r_\alpha)\,d\alpha + \frac{1}{8\pi}\int\limits_0^{2\pi} f(i\,r_\alpha)\,d\alpha$$

$$+ \frac{1}{8\pi}\int\limits_0^{2\pi} f(i\,s\,r_\alpha)\,d\alpha\,.$$

Es sei dem Leser überlassen, hieraus den expliziten Ausdruck für die Projektoren p_i von 2.6 herzuleiten . . .

Wie im Falle der D_{nh} ergeben sich auch die irreduziblen Darstellungen von $D_{\infty h}$ aus denen von D_∞ durch Verdopplung. Jeder Charakter χ von D_∞ gibt zu zwei Charakteren χ_g und χ_u von $D_{\infty h}$ Anlaß. Der Charakter χ_3 von D_∞ liefert zum Beispiel:

	r_α	$s\,r_\alpha$	$i\,r_\alpha$	$i\,s\,r_\alpha$
χ_{3g}	$2\cos 3\alpha$	0	$2\cos 3\alpha$	0
χ_{3u}	$2\cos 3\alpha$	0	$-2\cos 3\alpha$	0

§ 6. Grade der irreduziblen Darstellungen

6.1. Gruppenring

Definition. *G sei eine endliche Gruppe und K ein Körper. Gruppenring (oder Gruppenalgebra) der Gruppe G über dem Körper K heißt die Algebra, die die mit G indizierte Familie (e_s) als Basis besitzt und für die das Produkt durch die Relationen $e_s \cdot e_t = e_{st}$ definiert ist. Der Gruppenring wird mit $K[G]$ bezeichnet.*

Ein Element u von $K[G]$ läßt sich also als formale Linearkombination von Elementen aus G mit Koeffizienten in K schreiben. Es ist klar, daß $K[G]$ zur Algebra der auf G definierten Funktionen mit Werten in K und dem Faltungsprodukt als Verknüpfung isomorph ist. Im folgenden sei $K = \boldsymbol{C}$.

Es sei $\varrho\colon G \to GL(V)$ eine Darstellung der Gruppe G; sie definiert einen — gleichfalls mit ϱ bezeichneten — Homomorphismus von $\boldsymbol{C}[G]$ in End (V).

Satz 11. a) *Es seien $\varrho_i\colon G \to GL(V_i)$ paarweise inäquivalente irreduzible Darstellungen von G. Die Abbildung $\varrho\colon \boldsymbol{C}[G] \to \prod_i$ End (V_i), die sie definieren, ist surjektiv.*

b) *Wenn die $\varrho_i\colon G \to GL(V_i)$ sämtliche irreduzible Darstellungen von G (bis auf Äquivalenz) sind, so ist die Abbildung ϱ ein Isomorphismus.*

Beweis. a) Wenn Im ϱ in einer Hyperebene von $\prod_i$ End (V_i) enthalten ist, so existiert eine nichtverschwindende Linearform φ, die auf Im ϱ gleich Null ist, d. h. eine solche, daß $\varphi\left(\sum_i \varrho_i(s)\right) = 0$ für alle s aus G ist, was eine Relation der Form $\sum_k \lambda_k\, m_k(s) = 0$ für alle s aus G ergibt, wo m_k die Menge der Koeffizienten der Darstellungen ϱ_i durchläuft. Aus den Orthogonalitätsrelationen der Koeffizienten folgt, daß $\lambda_k = 0$ für alle k ist, was das Verschwinden von φ nach sich zieht und damit (a).

(b) Bekanntlich ist dim $\boldsymbol{C}[G]$ = Ordnung von $G = g$ und dim $\prod_i$ End(V_i) $= \sum d_i^2 = g$, die Abbildung ϱ, die surjektiv ist, stellt also einen Isomorphismus dar.

6.2. Ganze Elemente

Definition. *Es sei R ein kommutativer Ring; dann heißt $x \in R$ ganz (über $\boldsymbol{Z}$), wenn es ganze rationale Zahlen $(a_i)_{1 \leq i \leq n}$ mit $x^n + a_1 x^{n-1} + \cdots + a_n = 0$ gibt.*

Die folgenden Zahlen sind ganz: $e^{2i\pi/h}$, $\sqrt{2}$, $(1 + \sqrt{5})/2$. Für $x \in \boldsymbol{Q}$ ist die Ganzheit von x gleichbedeutend mit $x \in \boldsymbol{Z}$.

Aussage 6. *Die folgenden Eigenschaften sind äquivalent:*

a) *das Element x aus R ist ganz,*

b) *der Ring $\boldsymbol{Z}[x]$ ist ein endlich-erzeugbarer $\boldsymbol{Z}$-Modul.*

Aus (a) folgt, daß $x^n = -a_1 x^{n-1} - \cdots - a_n$ ist, $\mathbf{Z}[x]$ also von $\{1, x, \ldots, x^{n-1}\}$ erzeugt wird, woraus (b) folgt. Setzt man umgekehrt die Gültigkeit von (b) voraus, so gilt mit einem Erzeugendensystem $\{e_i\}$ von $\mathbf{Z}[x]$ $x\, e_i = \sum_j a_{ij}\, e_j$. Man bezeichne mit A die Matrix $(x\, \delta_{ij} - a_{ij})$; dann ist $A(e_i) = 0$, wobei (e_i) den Spaltenvektor der e_i bezeichnet. Hieraus ergibt sich (durch Multiplikation mit der Adjunkten-Matrix von A) $(\det A) \cdot e_j = 0$. Da $1 = \sum_i \lambda_i\, e_i$ ist, bekommt man $\det A = \sum \lambda_i \cdot (\det A) \cdot e_i = 0$. Das drückt aber gerade aus, daß x ganz-abhängig ist, woraus die Behauptung (a) folgt.

Aussage 7. *Die ganzen Elemente von R bilden einen Unterring von R.*
Es seien x, y ganze Elemente von R. Da $\mathbf{Z}[x, y]$ ein endlich-erzeugbarer $\mathbf{Z}$-Modul ist, sind auch $\mathbf{Z}\,[x - y]$ und $\mathbf{Z}[x\, y]$ endlich-erzeugbare $\mathbf{Z}$-Moduln, $x - y$ und $x\, y$ also ganz.

Aussage 8. *Wenn R ein endlich-erzeugbarer $\mathbf{Z}$-Modul ist, so ist jedes Element von R ganz.*
Das stellt eine unmittelbare Folgerung aus Aussage 6 dar.

6.3. Ganzheitseigenschaften der Charaktere

Aussage 9. *χ sei der Charakter einer Darstellung ϱ von G. Dann ist $\chi(s)$ für jedes s aus G ganz.*
Definitionsgemäß ist $\chi(s)$ die Spur von $\varrho(s)$, also gleich der Summe der Eigenwerte von $\varrho(s)$. Da $\varrho^g(s) = \varrho(s^g) = 1$ mit $g = \operatorname{Card} G$ gilt, ist jeder Eigenwert von $\varrho(s)$ eine Einheitswurzel, woraus die Aussage folgt.

Aussage 10. *χ sei der Charakter einer irreduziblen Darstellung ϱ vom Grade d und K eine Klasse konjugierter Elemente von G. Dann ist $\frac{1}{d} \sum_{s \in K} \chi(s)$ ganz.*

Mit $\operatorname{Cent}_{\mathbf{C}}(G)$ und $\operatorname{Cent}_{\mathbf{Z}}(G)$ seien die Zentren von $\mathbf{C}[G]$ und von $\mathbf{Z}[G]$ bezeichnet. Es ist klar, daß die $e_K = \sum_{s \in K} s$ eine Basis von $\operatorname{Cent}_{\mathbf{C}}(G)$ bilden. Ferner gehört e_K zu $\operatorname{Cent}_{\mathbf{Z}}(G)$, was ein endlicherzeugbarer $\mathbf{Z}$-Modul ist; e_K ist also ganz. Bekanntlich definiert die Darstellung ϱ einen Homomorphismus $\varrho\colon \mathbf{C}[G] \to \operatorname{End}(W)$, dessen Einschränkung auf $\operatorname{Cent}_{\mathbf{C}}(G)$ dem Schurschen Lemma zufolge Multiplikationen von W als Bild hat. Infolgedessen gilt $\varrho(e_K) = \lambda \cdot 1$ mit ganzem λ. Durch Übergang zur Spur findet man $d \cdot \lambda = \sum_{s \in K} \chi(s)$, woraus

$$\lambda = \frac{1}{d} \sum_{s \in K} \chi(s)$$

folgt. Damit ist die Aussage bewiesen.

6.4. *Grade der irreduziblen Darstellungen*

Satz 12. *Es sei G eine Gruppe der Ordnung g und W eine irreduzible Darstellung von G vom Grade d; dann ist d Teiler von g.*

Beweis. Bekanntlich gilt $\langle \chi, \chi \rangle = 1$, wenn χ der Charakter der Darstellung ϱ ist. Ausführlich geschrieben, gibt das

$$g/d = \sum_{s \in G} \chi(s^{-1})\, \chi(s)/d$$

oder

$$g/d = \sum_{K} \chi(s^{-1}) \left(\sum_{s \in K} \chi(s)/d \right).$$

Nach den Aussagen 9 und 10 sind aber $\chi(s^{-1})$ und $\sum_{s \in K} \chi(s)/d$ ganze Zahlen; da $g/d \in \mathbf{Q}$ gilt, ist der Satz also bewiesen.

Satz 13. *C sei das Zentrum von G; dann gilt mit den Bezeichnungen von Satz 12, daß d Teiler von $(G: C)$ ist.*

Beweis (nach J. Tate). Das (n-fache) Tensorprodukt $W \otimes \cdots \otimes W$ definiert eine irreduzible Darstellung von $G \times \cdots \times G$ (n-mal). Das Zentrum $C \times \cdots \times C$ von $G \times \cdots \times G$ operiert in $W \otimes \cdots \otimes W$ gemäß

$$(x_1, \ldots, x_n) \to \varrho(x_1) \otimes \cdots \otimes \varrho(x_n)$$

als eine Multiplikation mit dem Faktor $\varrho(x_1) \ldots \varrho(x_n) = \varrho(x_1, \ldots, x_n)$. H sei die aus den Elementen $(x_1, \ldots, x_n)$ mit $x_1 \ldots x_n = 1$ gebildete Untergruppe von C. Die Ordnung von H ist c^{n-1} mit $c = \operatorname{Card} C$; da H auf $W \otimes \cdots \otimes W$ trivial operiert, leitet man hieraus eine durch $\varrho(s\,H) = \varrho(s)$ definierte Darstellung von G/H her. Diese ist irreduzibel, nach Satz 12 ist also d^n Teiler von g^n/c^{n-1}. Infolgedessen gilt $(g/c\,d)^n \in (1/c)\,\mathbf{Z}$, und da dieser Modul endlich-erzeugbar ist, ist $g/c\,d$ also ganz. Damit ist der Satz bewiesen.

Diese Resultate werden in 9.1 verallgemeinert werden.

§ 7. Induzierte Darstellungen

7.1. Definition

Es seien H eine Untergruppe von G, $W \subset V$ zwei Vektorräume, H operiere auf W und G auf V. Wenn die folgenden Bedingungen erfüllt sind:

a) W ist ein Untermodul von V, betrachtet als $\mathbf{C}[H]$-Linksmodul,

b) $V = \bigoplus_{s \in G/H} s\,W$,

so heißt die Darstellung V von G durch die Darstellung W von H induziert.

Aussage 11. *Es existiert (bis auf Äquivalenz) eine und nur eine Darstellung von G, die durch eine gegebene Darstellung von H induziert wird.*

Wir wollen die Darstellung von H mit W bezeichnen und $V_0 = \mathbf{C}[G] \otimes_{\mathbf{C}[H]} W$ betrachten. Die Gruppe G operiert auf V_0, denn jedem Element s von G ist der Endomorphismus $s \otimes 1$ von V_0 zugeordnet. Die Bedingung (a) der Definition ist trivialerweise erfüllt. Außerdem ist $\mathbf{C}[G]$ ein *freier* $\mathbf{C}[H]$-Rechtsmodul mit einem Repräsentantensystem S von G/H als Basis, also $V_0 = \bigoplus_{s \in S} s\,W$, woraus die Bedingung (b) folgt. Die Eindeutigkeit ist unmittelbar klar.

Aufgabe. Es sei V der Raum der Funktionen auf G mit Werten in W, für die $f(h\,x) = h\,f(x)$ für alle h aus H und alle x aus G gilt. Die Gruppe G operiert gemäß $(s \cdot f)(x) = f(x\,s)$ auf V. W wird durch die Abbildung $w \mapsto f_w$ mit

$$f_w(h) = \begin{cases} h\,w\,, & \text{wenn} \quad h \in H \quad \text{und} \quad w \in W\,, \\ 0 & \text{sonst} \end{cases}$$

in V eingebettet. Man zeige, daß V durch W induziert ist.

Aussage 12. *Es sei V eine Darstellung von G mit $V = \bigoplus_i W_i$ und*

a) G permutiert die W_i,

b) G permutiert sie transitiv.

H sei die Isotropiegruppe von W_{i_0} für festes i_0. Die Untergruppe H operiert in W_{i_0}, und die Darstellung V von G wird durch diese Darstellung von H induziert.

Diese Aussage entspringt unmittelbar aus der Definition der induzierten Darstellungen.

Bemerkung. Wenn die Darstellung V irreduzibel ist, so folgt (b) aus (a), denn $\sum_{s \in G} s\, W_{i_0}$ ist ein invarianter Unterraum von V ungleich Null, also gleich V.

Aussage 13. *Wenn V und W Darstellungen von G bzw. H sind, V durch W induziert wird und E ein $\mathbf{C}[G]$-Modul ist, so gilt*

$$\mathrm{Hom}^H(W, E) \simeq \mathrm{Hom}^G(V, E).$$

Genauer: Jeder G-Homomorphismus $f\colon V \to E$ definiert durch Einschränkung auf W einen H-Homomorphismus, und die Abbildung $f \mapsto f|_W$ ist bijektiv.

In der Tat ist, wenn $f|_W = 0$ gilt, auch die Einschränkung von f auf $s\,W$ mit $s \in G$ Null, also $f = 0$. Ist andererseits $h\colon W \to E$ ein H-Homomorphismus, so definiert man f auf $s\,W$ $(s \in G)$ durch $f(s\,x) = s \cdot h(x)$ Man bestätigt, daß diese Definition von der Wahl von s unabhängig ist. Durch lineare Fortsetzung erhält man $f\colon V \to E$, und das ist ein G-Homomorphismus.

Aufgabe. Man leite die Aussage 13 aus der Formel $\mathrm{Hom}\big(A, \mathrm{Hom}(B, C)\big) = \mathrm{Hom}(A \otimes B, C)$ her.

Beispiele. Der Raum einer Darstellung, die durch eine Darstellung ersten Grades induziert wird, ist direkte Summe von Geraden, die durch G transitiv permutiert werden; eine solche Darstellung heißt manchmal „monomial“.

Die Darstellung vom Grade 1 der Einsuntergruppe von G induziert die reguläre Darstellung von G. Allgemeiner induziert die reguläre Darstellung einer Untergruppe H von G die reguläre Darstellung von G. Die Einsdarstellung von H induziert die Permutationsdarstellung von G/H.

Transitivität der induzierten Darstellungen

Wenn $H_1 \subset H_2 \subset G$ gilt, ist die durch die Darstellung von H_1 induzierte Darstellung von G äquivalent zu der Darstellung, die man erhält, indem man zweimal den Übergang zur induzierten Darstellung vollzieht, zunächst von H_1 zu H_2 und hernach von H_2 zu G.

7.2. *Charakter einer induzierten Darstellung*

Es seien H eine Untergruppe von G, W eine Darstellung von H mit dem Charakter χ_W und V die durch W induzierte Darstellung von G, deren Charakter χ_V bestimmt werden soll. Das Element x von G definiert einen Automorphismus von V, der die $s\,W$ mit $s \in G/H$ permutiert; seine Spur ist also die Summe der Spuren der Einschränkungen dieses Automorphismus auf die $s\,W$, die er invariant läßt, was mit der Relation $s^{-1}\,x\,s \in H$ für s gleichbedeutend ist. Hieraus folgt:

$$\chi_V(x) = Tr_V(x) = \sum_{\substack{s \in G/H \\ s^{-1} x s \in H}} Tr_{sW}(x)\,.$$

Aus der Kommutativität des Diagramms

$$\begin{array}{ccc} W & \xrightarrow{s^{-1}xs} & W \\ {\scriptstyle s}\downarrow & & \downarrow{\scriptstyle s} \\ s\,W & \xrightarrow{x} & s\,W \end{array}$$

ergibt sich, daß $Tr_{sW}(x) = Tr_W(s^{-1}\,x\,s)$ ist, woraus

$$\text{(1)} \qquad \chi_V(x) = \frac{1}{\operatorname{Card} H} \sum_{\substack{s \in G \\ s^{-1} x s \in H}} \chi_W\,(s^{-1}\,x\,s)$$

folgt. Man dehnt die Formel (1) linear auf die zentralen Funktionen aus:

$$\text{(1')} \qquad f^*(x) = \frac{1}{\operatorname{Card} H} \sum_{\substack{s \in G \\ s^{-1} x s \in H}} f(s^{-1}\,x\,s)$$

und sagt, f^* sei die durch f *induzierte* Funktion.

7.3. FROBENIUS*sches Reziprozitätsgesetz*

Wenn φ und ψ zentrale Funktionen auf den Gruppen H bzw. G sind und H eine Untergruppe von G ist, bezeichnet man mit $\operatorname{Ind}\varphi$ und $\operatorname{Res}\psi$ die Funktionen φ^* und $\psi|_H$.

Satz 14. *Die Skalarprodukte* $\langle\varphi, \operatorname{Res}\psi\rangle_H$ *und* $\langle\operatorname{Ind}\varphi, \psi\rangle_G$ *sind gleich.*

Erster Beweis. Er besteht in der expliziten Durchführung der Rechnung. Aus der Definition von $\langle\operatorname{Ind}\varphi, \psi\rangle_G$ und von φ^* folgt unmittelbar

$$\langle\operatorname{Ind}\varphi, \psi\rangle_G = \frac{1}{g\,h} \sum_{\substack{y \in G \\ z^{-1} y^{-1} z \in H}} \psi(y)\,\varphi(z^{-1}\,y^{-1}\,z)$$

mit $g = \text{Card}\, G$ und $h = \text{Card}\, H$. Man führt nun die Variablentransformation $z^{-1}\, y^{-1}\, z = x^{-1}$ mit $x \in H$ durch. Die gesuchte Gleichheit wird dann evident.

Zweiter Beweis. Man schreibt $\langle \varphi_1, \varphi_2 \rangle_G$ in der Form $\langle V_1, V_2 \rangle_G$, wobei φ_1 und φ_2 die Charaktere der Darstellungen V_1 und V_2 der Gruppe G sind. Es gilt die Gleichheit

$$\langle V_1, V_2 \rangle_G = \dim \text{Hom}^G (V_1, V_2)\,.$$

Da es genügt, die FROBENIUSsche Formel in dem Fall zu verifizieren, daß φ und ψ Charaktere sind, hat man also zu zeigen, daß

$$\langle W, \text{Res}\, V \rangle_H = \langle \text{Ind}\, W, V \rangle_G$$

gilt, wenn W eine Darstellung von H und V eine Darstellung von G ist, was unmittelbar aus dem Vorstehenden und aus der Aussage 13 folgt.

Deutung. Satz 14 bringt zum Ausdruck, daß die Abbildungen Res und Ind *adjungiert* sind.

Wir wollen noch auf die folgende Formel hinweisen, die häufig von Nutzen ist:

$$\text{Ind}\,(\varphi \cdot \text{Res}\, \psi) = (\text{Ind}\, \varphi) \cdot \psi\,.$$

Diese bestätigt man unmittelbar durch einfaches Nachrechnen. Sie bedeutet: Wenn W eine Darstellung von H, $V = \text{Ind}\, W$ und V_1 eine weitere Darstellung von G ist, so induziert $\text{Res}\, V_1 \otimes W$ die Darstellung $V_1 \otimes V$.

Aussage 14. *Es seien W und V zwei irreduzible Darstellungen von H und von G, dann ist die Vielfachheit, mit der W in* Res V *eingeht, gleich der Vielfachheit, mit der V in* Ind W *eingeht.*

Das ist eine Spezialfall von Satz 14.

7.4. Einschränkung auf Untergruppen

Es seien H und K zwei Untergruppen von G, $\varrho\colon H \to GL(W)$ eine lineare Darstellung von H und $V = \text{Ind}_H^G (W)$ die entsprechende induzierte Darstellung von G. Wir wollen die *Einschränkung* $\text{Res}_K\, V$ von V auf K ermitteln.

Wir wählen zunächst eine Menge S von Repräsentanten der *Restklassen von* G nach dem Doppelmodul (H, K); das bedeutet, daß G disjunkte Vereinigung der $K\, s\, H$ mit $s \in S$ ist (wofür man auch $s \in K \backslash G / H$ schreibt).

Für $s \in S$ sei $H_s = s\,H\,s^{-1} \cap K$; das ist eine Untergruppe von K. Setzt man

$$\varrho_s(x) = \varrho(s^{-1}\,x\,s) \quad \text{für} \quad x \in H_s\,,$$

so erhält man einen Homomorphismus $\varrho_s\colon H_s \to GL(W)$ und hieraus eine mit W_s bezeichnete lineare Darstellung von H_s. Da H_s eine Untergruppe von K ist, ist die induzierte Darstellung $\mathrm{Ind}_{H_s}^K(W_s)$ definiert.

Aussage 15. *Die Darstellung* $\mathrm{Res}_K\,\mathrm{Ind}_H^G(W)$ *ist zur direkten Summe der Darstellungen* $\mathrm{Ind}_{H_s}^K(W_s)$ *mit* $s \in K \setminus G/H$ *äquivalent.*

Bekanntlich ist V direkte Summe der Transformierten $x\,W$ mit $x \in G/H$. Es sei $s \in S$ und $V(s)$ der von den Transformierten $x\,W$ mit $x \in K\,s\,H$ erzeugte Unterraum von V; dann ist der Raum V direkte Summe der $V(s)$, und es ist klar, daß $V(s)$ gegenüber K invariant ist. Es kommt also nur noch darauf an, zu zeigen, daß $V(s)$ zu $\mathrm{Ind}_{H_s}^K(W_s)$ K-äquivalent ist. Nun ist die von den Elementen x mit $x(s\,W) = s\,W$ gebildete Untergruppe von K offensichtlich gleich H_s, und $V(s)$ ist direkte Summe der Transformierten $x(s\,W)$ mit $x \in K/H_s$. Es ist also $V(s) = \mathrm{Ind}_{H_s}^K(s\,W)$. Es bleibt demnach nur noch zu bestätigen, daß $s W$ H_s-isomorph zu W_s ist, was unmittelbar klar ist; der Isomorphismus wird nämlich durch $s\colon W_s \to s\,W$ geliefert.

Bemerkung. Da $V(s)$ nur von dem Bild von s in $K\backslash G/H$ abhängt, erkennt man gleichzeitig, daß die Darstellung $\mathrm{Ind}_{H_s}^K(W_s)$ nur (bis auf Äquivalenz) von der Doppelrestklasse von s abhängt.

7.5. *Irreduzibilitätskriterium von* Mackey

Wir wollen das Vorstehende auf den Fall $K = H$ anwenden. Für $s \in G$ bezeichnet man mit H_s noch die Untergruppe $s\,H\,s^{-1} \cap H$ von H. Die Darstellung ϱ von H definiert durch Einschränkung auf H_s eine Darstellung $\mathrm{Res}_s(\varrho)$, die man nicht mit der in der vorigen Nummer definierten Darstellung ϱ_s verwechseln darf.

Aussage 16. *Für die Irreduzibilität der induzierten Darstellung* $V = \mathrm{Ind}_H^G\,W$ *ist notwendig und hinreichend, daß die folgenden beiden Bedingungen erfüllt sind:*

a) W *ist irreduzibel.*

b) *Für jedes nicht in* H *enthaltene* $s \in G$ *sind die beiden Darstellungen* ϱ_s *und* $\mathrm{Res}_s(\varrho)$ *von* H_s *disjunkt.*

(Zwei Darstellungen V_1 und V_2 ein und derselben Gruppe K heißen *disjunkt*, wenn sie keine gemeinsame irreduzible Komponente besitzen oder, was auf dasselbe hinausläuft, wenn ihre Charaktere orthogonal sind.)

Wir setzen $\langle V, V\rangle_G = \dim \operatorname{Hom}^G(V, V) = \langle \chi, \chi\rangle_G$, wo χ der Charakter von V ist. Für die Irreduzibilität von V ist $\langle V, V\rangle_G = 1$ notwendig und hinreichend. Nun gilt nach dem FROBENIUSschen Reziprozitätsgesetz:

$$\langle V, V\rangle_G = \langle W, \operatorname{Res}_H V\rangle_H .$$

Nach 7.4 ist aber

$$\operatorname{Res}_H V = \sum_{x \in H\backslash G/H} \operatorname{Ind}_{H_x}^H (\varrho_x) .$$

Durch nochmalige Anwendung des FROBENIUSschen Reziprozitätstheorems schließen wir hieraus:

$$\langle V, V\rangle_G = \sum_{x \in H\backslash G/H} d_x \quad \text{mit} \quad d_x = \langle \operatorname{Res}_x(\varrho), \varrho_x\rangle_{H_x} .$$

Für $x = 1$ hat man $d_x = \langle \varrho, \varrho\rangle \geqq 1$. Dafür, daß $\langle V, V\rangle_G = 1$ gilt, ist also notwendig und hinreichend, daß $d_1 = 1$ und $d_x \neq 0$ für $x = 1$ (als Doppelrestklasse, d. h. $x \notin H$) ist; das sind aber gerade die Bedingungen a) und b).

Korollar. *H sei Normalteiler in G. Für die Irreduzibilität von* $\operatorname{Ind}_H^G(\varrho)$ *ist notwendig und hinreichend, daß ϱ irreduzibel ist und daß es zu keinem seiner Konjugierten ϱ_s mit s nicht in H äquivalent ist.*

In der Tat hat man dann $H_s = H$ und $\operatorname{Res}_s(\varrho) = \varrho$.

§ 8. Satz von ARTIN

Bezeichnungen

G sei eine endliche Gruppe. $R_C(G)$ oder kurz $R(G)$ bezeichne im folgenden die Menge der Linearkombinationen der (komplexwertigen) Charaktere von G mit Koeffizienten in $\boldsymbol{Z}$; das ist ein Unterring des Rings der zentralen Funktionen auf G, der die Menge der *irreduziblen* Charaktere als $\boldsymbol{Z}$-Basis besitzt. Das Tensorprodukt $\boldsymbol{C} \otimes R(G)$ läßt sich mit der $\boldsymbol{C}$-Algebra der zentralen Funktionen auf G identifizieren.

Wenn H eine Untergruppe von G ist, definiert die Operation der *Einschränkung* einen Ringhomomorphismus $R(G) \to R(H)$, der mit Res bezeichnet wird (vgl. 7.3). Ebenso definiert die Operation der *Induktion* Ind_H^G einen Homomorphismus

$$\mathrm{Ind}\colon R(H) \to R(G) .$$

Aus der Beziehung $\mathrm{Ind}\,(\varphi \cdot \mathrm{Res}(\psi)) = \mathrm{Ind}\,(\varphi) \cdot \psi$ (vgl. 7.3) geht hervor, daß das Bild dieses Homomorphismus ein *Ideal* des Rings $R(G)$ ist.

Formulierung des Satzes

Der Satz lautet folgendermaßen:

Satz 15 (E. Artin). *X sei eine Familie von Untergruppen von G. Dann sind die folgenden Bedingungen äquivalent:*

(1) *Die Vereinigungsmenge der konjugierten Untergruppen der zu X gehörigen Gruppen ist gleich G.*

(2) *Die Abbildung* $\mathrm{Ind}\colon \bigoplus_{H \in X} R(H) \to R(G)$ *hat ein Bild von endlichem Index.*

(3) *Zu jedem Charakter χ von G gibt es Elemente $(\psi_H)_{H \in X}$ mit $\psi_H \in R(H)$ und eine ganze Zahl $d \geqq 1$ mit*

$$d\chi = \sum \psi_H^* .$$

Man beachte, daß die Familie der *zyklischen* Untergruppen von G offensichtlich (1) erfüllt. Daher gilt:

Korollar. *Jeder Charakter von G ist Linearkombination der durch die Charaktere zyklischer Untergruppen von G induzierten Charaktere mit rationalen Koeffizienten.*

8.1. Erster Beweis

Es ist klar, daß (2) und (3) äquivalent sind. Wir wollen zeigen, daß (2) $\Rightarrow$ (1) gilt. S sei die Vereinigung der konjugierten Untergruppen zu den Gruppen H mit $H \in X$. Jede Funktion der Form $\sum_{H \in X} \psi_H^*$ mit $\psi_H \in R(H)$ verschwindet außerhalb S; wenn (2) erfüllt ist, verschwindet jede zentrale Funktion auf G außerhalb S; hieraus folgt $S = G$. Gilt schließlich (1), so ist die Einschränkungsabbildung

$$\mathrm{Res}\colon \boldsymbol{C} \otimes R(G) \to \bigoplus_{H \in K} \boldsymbol{C} \otimes R(H)$$

injektiv. Ihre Adjungierte

$$\mathrm{Ind}\colon \bigoplus_{H \in X} \boldsymbol{C} \otimes R(H) \to \boldsymbol{C} \otimes R(G)$$

ist also surjektiv, und ebenso verhält es sich (nach den elementaren Eigenschaften des Tensorprodukts) mit der Abbildung

$$\mathrm{Ind}\colon \bigoplus_{H \in K} \boldsymbol{Q} \otimes R(H) \to \boldsymbol{Q} \otimes R(G)\,.$$

Hieraus folgt (2).

8.2. Zweiter Beweis von (1) ⇒ (2)

Zunächst sei A eine zyklische Gruppe und a ihre Ordnung. Wir definieren eine Funktion Θ_A auf A durch die Formel

$$\Theta_A(x) = \begin{cases} a, & \text{wenn } A \text{ von } x \text{ erzeugt wird,} \\ 0 & \text{sonst}\,. \end{cases}$$

Aussage 17. *Wenn G eine endliche Gruppe der Ordnung g ist, so gilt*

$$g = \sum_{A \subset G} \Theta_A^*\,,$$

wobei die Summation über die Menge der zyklischen Untergruppen von G erstreckt ist.

Es sei $x \in G$. Dann gilt

$$\Theta_A^*(x) = \frac{1}{a} \sum_{\substack{y \in G \\ y x y^{-1} \in A}} \Theta_A(y\,x\,y^{-1})$$

$$= \frac{1}{a} \sum_{\substack{y \in G \\ y x y^{-1} \text{erz.} A}} a = \sum_{\substack{y \in G \\ y x y^{-1} \text{erz.} A}} 1\,.$$

Für jedes $y \in G$ erzeugt aber $y\,x\,y^{-1}$ eine und nur eine zyklische Untergruppe von G. Es gilt also

$$\sum_{A \subset G} \Theta_A^*(x) = \sum_{y \in G} 1 = g\,.$$

Aussage 18. *Wenn A eine zyklische Gruppe ist, so ist $\Theta_A \in R(A)$.*

Man führt den Beweis durch Induktion nach a; der Fall $a = 1$ ist trivial. Nach der vorstehenden Aussage gilt

$$a = \sum_{A' \subset A} \Theta^*_{A'} = \Theta_A + \sum_{A' \neq A} \Theta^*_{A'} .$$

Der Induktionsannahme zufolge ist $\Theta_{A'} \in R(A')$, also $\Theta^*_{A'} \in R(A)$; da andererseits offensichtlich $a \in R(A)$ gilt, schließt man hieraus gerade, daß Θ_A zu $R(A)$ gehört.

Anwendung auf den Beweis von (1) $\Rightarrow$ (2).

Zunächst kann man ohne Beschränkung der Allgemeinheit annehmen, daß die betrachtete Familie X aus allen zyklischen Untergruppen von G besteht. Aussage 17 zeigt dann, daß

$$1 = \frac{1}{g} \sum \Theta^*_A$$

gilt, wobei nach Aussage 18 $\Theta^*_A \in R(G)$ ist.

Für jedes $\chi \in R(G)$ erhält man also durch Multiplikation mit χ:

$$\chi = \frac{1}{g} \sum \chi \cdot \Theta^*_A = \frac{1}{g} \sum (\Theta_A \cdot \mathrm{Res}_A \chi)^* .$$

Da $\Theta_A \cdot \mathrm{Res}_A \chi$ offensichtlich zu $R(A)$ gehört, ist damit gerade (2) bewiesen — und sogar noch mehr, da hiermit eine explizite Formel und insbesondere ein expliziter Nenner vorliegt.

Bemerkungen. 1. Der obige Beweis geht auf R. Brauer zurück.

2. Präzisierungen von Satz 15 in quantitativer Hinsicht findet man in Kap. II der Dissertation von T.-Y. Lam (Columbia Univ., 1967).

§ 9. Anwendungen der induzierten Darstellungen

9.1. Invariante Untergruppen und Anwendungen auf die Grade der irreduziblen Darstellungen

Satz 16. *Es sei A eine invariante Untergruppe von G und ϱ: $G \to GL(V)$ eine irreduzible Darstellung von G. Dann gilt:*

(a) *Entweder gibt es eine von G verschiedene Untergruppe H von G, die A enthält, und eine irreduzible Darstellung σ von H, die ϱ induziert;*

(b) *oder die Einschränkung von ϱ auf A ist isotyp.*

(Es sei daran erinnert, daß eine Darstellung *isotyp*[1]) heißt, wenn sie ein Vielfaches einer irreduziblen Darstellung ist.)

Beweis. Es sei $V = \sum V_i$ die kanonische Zerlegung der (auf A eingeschränkten) Darstellung ϱ als direkte Summe isotyper Darstellungen (vgl. 2.6). Wenn $s \in G$ ist, sieht man durch Übertragung der Struktur, daß $\varrho(s)$ die V_i permutiert; da V irreduzibel ist, schließt man hieraus, daß es die von Null verschiedenen V_i transitiv permutiert. V_{i_0} sei eines von ihnen; ist dann V_{i_0} gleich V, so liegt der Fall (b) vor. Anderenfalls sei H die von den $s \in G$ mit $\varrho(s)\, V_{i_0} = V_{i_0}$ gebildete Untergruppe von G. Dann ist $A \subset H$, $H \neq G$, und ϱ wird durch die natürliche Darstellung σ von H in V_{i_0} repräsentiert; es liegt also der Fall (a) vor.

Bemerkung

Wenn A abelsch ist, ist die Bedingung (b) zu der Aussage äquivalent, daß $\varrho(a)$ für alle $a \in A$ eine *Multiplikation* ist.

Korollar. *Wenn A ein abelscher Normalteiler von G ist, so teilt der Grad jeder irreduziblen Darstellung ϱ von G den Index $(G:A)$ von A in G.*

Man führt Induktion nach der Ordnung von G durch. Wenn der Fall (a) des vorstehenden Satzes vorliegt, zeigt die Induktionsannahme, daß der Grad von σ Teiler von $(H:A)$ ist, und indem man diese Relation mit $(G:H)$ multipliziert, erkennt man gerade, daß der Grad von ϱ auch $(G:A)$ teilt. Im Falle (b) sei $G' = \varrho(G)$ und $A' = \varrho(A)$; da die kanonische Abbildung $G/A \to G'/A'$ surjektiv ist, ist dann $(G':A')$ Teiler von $(G:A)$. Andererseits geht aus der vorstehenden Bemerkung hervor, daß die Elemente von A' Homothetien sind, also im *Zentrum* von G' enthalten sind. Nach Satz 13 folgt hieraus, daß der Grad von ϱ den Index $(G':A')$ und *erst recht* $(G:A)$ teilt.

Bemerkung. Wenn A eine (nicht notwendig invariante) *abelsche Untergruppe* von G ist, ist es im allgemeinen nicht mehr so, daß $\deg(\varrho)$ Teiler von $(G:A)$ ist, *auf jeden Fall gilt aber* $\deg(\varrho) \leqq (G:A)$. Wenn W eine in $\varrho|A$ vorkommende irreduzible Darstellung von A ist, ergibt sich nämlich aus dem Frobeniusschen Reziprozitätsgesetz, daß ϱ in der induzierten Darstellung Ind W auftritt; hieraus folgt aber

$$\deg(\varrho) \leqq \dim \operatorname{Ind} W = (G:A)\,.$$

---

[1]) oder auch *primär*. — Anm. d. Red. d. dt. Ausg.

9.2. Semidirekte Produkte

Wir erinnern an ihre Definition (vgl. BOURBAKI, Top. Gén., Chap. III, § 2, Nr. 10):

Definition. *A und H seien zwei Untergruppen einer Gruppe G, und die Untergruppe A sei Normalteiler. Man sagt, G sei semidirektes Produkt von A und H, wenn* $A \cap H = \{1\}$ *und* $A \cdot H = G$ *ist, oder, was auf dasselbe hinausläuft, wenn die kanonische Abbildung von H in* G/A *ein Isomorphismus ist.*

G sei als endlich vorausgesetzt, und die invariante Untergruppe A sei *abelsch*. Wir wollen sehen, daß man die irreduziblen Darstellungen von G konstruieren kann, indem man von denen gewisser Untergruppen von H ausgeht:

Es sei zunächst $X = \mathrm{Hom}(A, \boldsymbol{C}^*)$ die Gruppe der irreduziblen Charaktere von A. Die Gruppe H operiert auf X gemäß

$$(s\,\chi)(a) = \chi(s^{-1}\,a\,s)\,.$$

$(\chi_i)_{i \in X/H}$ sei ein Repräsentantensystem der Orbits von H in X. Für jedes i sei H_i die Isotropiegruppe von χ_i und $G_i = A \cdot H_i$ die entsprechende Untergruppe von G. Wir setzen die Funktion χ_i auf G_i fort, indem wir

$$\chi_i(a\,h) = \chi_i(a) \quad \text{für} \quad a \in A, \quad h \in H_i$$

setzen. Unter Benutzung der Tatsache, daß $h\,\chi_i = \chi_i$ für alle $h \in H_i$ ist, sieht man, daß χ_i ein *Charakter* von G_i *vom Grade* 1 ist. Andererseits sei ϱ eine irreduzible Darstellung von H_i; indem man ϱ und die kanonische Projektion $G_i \to H_i$ zusammensetzt, leitet man eine irreduzible Darstellung $\tilde{\varrho}$ von G_i her. Schließlich erhält man durch das Tensorprodukt von χ_i und ϱ eine irreduzible Darstellung $\chi_i \otimes \varrho$ von G_i; $\Theta_{i,\varrho}$ sei die entsprechende induzierte Darstellung von G.

Satz 17. *Die Darstellungen* $\Theta_{i,\varrho}$ *sind irreduzibel, paarweise inäquivalent, und jede irreduzible Darstellung von G ist von diesem Typ.*

Der Beweis sei dem Leser als Aufgabe überlassen.

9.3. Hinweis auf gewisse Klassen von Untergruppen

Auflösbare Gruppen. G heißt auflösbar, wenn eine Folge

$$\{1\} = G_0 \subset G_1 \subset \cdots \subset G_n = G$$

von Untergruppen von G existiert, so daß G_{i-1} Normalteiler in G_i und G_i/G_{i-1} abelsch ist für $1 \leqq i \leqq n$.

Überauflösbare Gruppen. Ebenso, nur daß jetzt gefordert wird, daß die G_i in ganz G Normalteiler sind und daß die G_i/G_{i-1} zyklisch sind.

Nilpotente Gruppen. Desgleichen, nur fordert man jetzt, daß $[G_i, G] \subset G_{i-1}$ ist für $1 \leqq i \leqq n$. (Äquivalente Definition: Die Gruppe läßt sich, von abelschen Gruppen ausgehend, durch eine endliche Folge *zentraler Erweiterungen* gewinnen.)

Es ist klar, daß überauflösbar $\Rightarrow$ auflösbar gilt. Andererseits sieht man sogleich, daß jede zentrale Erweiterung einer überauflösbaren Gruppe überauflösbar ist; es gilt also nilpotent $\Rightarrow$ überauflösbar.

Satz 18. *Jede p-Gruppe ist nilpotent (also überauflösbar).*

(Es sei daran erinnert, daß eine endliche Gruppe *p-Gruppe* heißt, wenn ihre Ordnung eine Potenz von p ist.)

Im Hinblick auf das Vorstehende braucht man nur noch zu zeigen, daß das Zentrum einer p-Gruppe G, die nicht nur aus dem neutralen Element besteht, nichttrivial ist. Das ergibt sich aus dem folgenden Lemma.

Lemma. *G sei eine p-Gruppe, die auf einer Menge X operiert, und X^G sei die Menge der Fixpunkte; dann ist* Card $X \equiv$ Card X^G (mod. p).

In der Tat zerfällt X durch G in Orbits, $X = X^G \cup \{\text{übrige Orbits}\}$. Da die Mächtigkeit der übrigen Orbits durch p teilbar ist, ergibt sich hieraus das Lemma.

Man wendet das Lemma auf $X = G$ an und läßt G durch die inneren Automorphismen auf sich operieren; dann ist X^G das Zentrum von G, also Card Cent $G \equiv 0$ (mod. p). Da $1 \in$ Cent G gilt, ist p Teiler von Card Cent G, und Cent G reduziert sich nicht auf das Einselement.

Aufgabe (Beispiel einer auflösbaren Gruppe, die nicht überauflösbar ist).

Es sei $A = \mathbf{Z}/2\,\mathbf{Z} \times \mathbf{Z}/2\,\mathbf{Z}$ und $H = \mathbf{Z}/3\,\mathbf{Z}$; H möge auf A durch zyklische Vertauschung der drei von Null verschiedenen Elemente von A operieren. G sei das semidirekte Produkt von A und H, das der oben beschriebenen Wirkung von H entspricht (vgl. Bourbaki, loc. cit.). Es ist klar, daß G auflösbar ist. Man zeige, daß A die einzige von 1 und G verschiedene invariante Untergruppe von G ist; man schließe hieraus, daß G nicht überauflösbar ist.

Man zeige, daß G zur alternierenden Gruppe von 4 Elementen isomorph ist.

9.4. *Satz von* Sylow

Definition. *G sei eine Gruppe der Ordnung $p^n m$ mit* $(m, p) = 1$, p prim; *dann heißt p-*Sylow*-Gruppe von G jede Untergruppe von G der Ordnung p^n.*

Satz 19. a) *Es gibt p-*Sylow*-Gruppen.*

b) *Sie sind konjugiert zueinander.*

c) Jede *p-Untergruppe von G ist in einer p-*Sylow*-Gruppe von G enthalten.*

Beweis.

a) Der Fall, daß die Gruppe G abelsch ist, erledigt sich aus den Struktursätzen endlicher abelscher Gruppen. C sei das Zentrum der als nichtabelsch vorausgesetzten Gruppe G. Durch Induktion nach der Ordnung von G sieht man, daß im Falle, daß Card C durch p teilbar ist, eine p-Sylow-Gruppe C_p von C existiert, und aus der Induktionsannahme folgt, daß G/C_p eine p-Sylow-Gruppe besitzt, deren Urbild in G eine p-Sylow-Gruppe ist. Anderenfalls operiert G auf $G-C$ durch innere Automorphismen, wodurch sich eine Zerlegung von $G-C$ in Orbits ergibt. Jeder Orbit ist zu einer Faktorgruppe G/H_x isomorph, wo H_x die Isotropiegruppe eines Elements x von G ist. Da Card $(G-C) \not\equiv 0 \pmod{p}$ ist, gibt es ein Element x von $G-C$, so daß $(G:H_x)$ nicht durch p teilbar ist; p^n teilt also die Ordnung von H_x, so daß man die Induktionsvoraussetzung anwenden kann, da $H_x \neq G$ ist.

b) und c). Es sei P eine p-Sylow-Gruppe von G und H eine p-Untergruppe von G. Die p-Gruppe H operiert auf $X = G/P$ durch linke Translationen, und aus dem Lemma von 9.3 folgt, daß $X^H \neq \emptyset$ ist. Es gibt also ein Element x von G mit $H\,x\,P = xP$, woraus $x^{-1}\,H\,x \subset P$ folgt. Die Behauptung (b) ergibt sich aus (c), indem man als H eine p-Sylow-Gruppe nimmt.

9.5. *Darstellungen der überauflösbaren Gruppen*

Lemma. *G sei eine nichtabelsche überauflösbare Gruppe; dann gibt es einen abelschen Normalteiler von G, der nicht im Zentrum C von G enthalten ist.*

Die Faktorgruppe $H = G/C$ ist überauflösbar und besitzt als solche eine Kompositionsreihe, deren erstes nichttriviales Element eine Untergruppe H_1 ist, die zyklisch und invariant in H ist. Das vollständige Urbild von H_1 in G ist die gesuchte Untergruppe.

Satz 20. *G sei eine überauflösbare Gruppe. Dann wird jede irreduzible Darstellung ϱ von G durch eine Darstellung ersten Grades einer ihrer Untergruppen induziert.*

Beweis. Da der Fall eines abelschen G trivial ist, nehmen wir G als nichtabelsch an und führen den Beweis durch Induktion nach der Ordnung von G. Es genügt, eine irreduzible Darstellung ϱ von G zu betrachten, die treu ist ($\operatorname{Ker} \varrho = \{1\}$). Nach dem Lemma gibt es eine invariante abelsche Untergruppe A von G, die nicht im Zentrum enthalten ist. Man wendet nun Satz 16 an und sieht: Entweder wird ϱ durch eine Darstellung einer Untergruppe H von G mit $H \neq g$ induziert, so daß die Induktionsvoraussetzung anwendbar ist, oder $\varrho(a)$ ist für jedes a aus A eine Multiplikation, $\varrho(A)$ also im Zentrum von $\varrho(G)$ enthalten, A liegt dann also auch, da ϱ treu ist, im Zentrum von G im Widerspruch zur Wahl von A.

Aufgabe. G sei das semidirekte Produkt einer abelschen Gruppe mit einer überauflösbaren Gruppe; dann wird jede irreduzible Darstellung von G durch eine Darstellung ersten Grades einer Untergruppe von G induziert.

Die Gruppe $\mathfrak{A}_4$ ist vom vorstehenden Typ. Wir wollen deshalb ein Beispiel für eine *auflösbare Gruppe* geben, *die eine irreduzible Darstellung besitzt, die nicht durch eine Darstellung ersten Grades einer Untergruppe induziert wird.* G sei das semidirekte Produkt der Quaternionengruppe H mit einer zyklischen Gruppe C der Ordnung 3, und C operiere auf H durch zyklische Vertauschung von (i, j, k). Die Gruppe H läßt sich kanonisch in den Quaternionenkörper $\boldsymbol{H}$ einbetten. Da $\boldsymbol{H} \otimes \boldsymbol{C} \simeq M_2(\boldsymbol{C})$ gilt, wird $\boldsymbol{H}$ in $M_2(\boldsymbol{C})$ eingebettet. Die Zusammensetzung dieser beiden Abbildungen definiert eine Darstellung von H vom Grade 2. G bettet man in $\boldsymbol{H}^*$ ein, indem man c, die Erzeugende von C, auf $c' = -\frac{1}{2} + \frac{i+j+k}{2}$ abbildet mit $c'^3 = 1$ und $c' \, i \, c'^{-1} = k$. Auf diese Weise erhält man eine Darstellung von G vom Grade 2, die irreduzibel ist. Da die Gruppe G keine Untergruppe vom Index 2 besitzt, kann diese Darstellung nicht durch eine Darstellung ersten Grades einer Untergruppe von G induziert sein.

§ 10. Satz von Brauer

10.1. p-elementare Gruppen

Definition. *p sei eine Primzahl. Eine Gruppe heißt p-elementar, wenn sie ein direktes Produkt aus einer zyklischen Gruppe von zu p primer Ordnung und einer p-Gruppe ist.*

Es ist klar, daß eine solche Zerlegung, wenn sie existiert, eindeutig ist. Ferner ist eine p-elementare Gruppe auflösbar. Eine Gruppe heißt *elementar*, wenn es eine Primzahl p gibt, so daß sie p-elementar ist.

Satz 21. *V_p sei die Menge der Linearkombinationen mit Koeffizienten in $\mathbf{Z}$ von Charakteren, die von Charakteren p-elementarer Untergruppen von G induziert werden. Dann ist V_p ein Ideal von $R(G)$, dessen Index endlich und zu p prim ist.*

A sei der Unterring von $\mathbf{C}$, der von den Einheitswurzeln der Ordnung $g = \text{Card}\, G$ erzeugt wird; das ist ein endlich-erzeugbarer freier $\mathbf{Z}$-Modul. Wir wollen zeigen, daß die Aussage von Satz 21 zu den folgenden Aussagen äquivalent ist:

a) Zu jedem $\chi \in R(G)$ gibt es eine zu p prime ganze Zahl n mit $n\,\chi \in V_p$.

b) Es gibt eine zu p prime ganze Zahl n mit $n \in V_p$.

c) Es gibt eine zu p prime ganze Zahl n mit $n \in V_p \otimes A$.

Es ist evident, daß der Satz zu (a) äquivalent ist, daß (b) aus (a) und daß (c) aus (b) folgt. Die Implikation (b) $\Rightarrow$ (a) resultiert daraus, daß V_p ein *Ideal* von $R(G)$ ist, vgl. § 7.

Schließlich wollen wir noch zeigen, daß (c) (b) nach sich zieht. Die Relation $n \in V_p \otimes A$ übersetzt sich mit $n = \sum \psi_H^*$ mit $\psi_H \in R(H) \otimes A$. Nun ist aber $\mathbf{Q} \cap A = \mathbf{Z}$, woraus hervorgeht, daß $A/\mathbf{Z}$ torsionsfrei, also frei ist, und daß $\mathbf{Z}$ direkter Faktor in A ist. $\pi\colon A \to \mathbf{Z}$ sei eine Retraktion von A auf $\mathbf{Z}$. Hieraus leitet man die Retraktionen

$$\pi\colon R(H) \otimes A \to R(H) \qquad \text{und} \qquad \pi\colon R(G) \otimes A \to R(G)$$

her, die mit Ind kommutieren. Daraus folgt

$$n = \pi(n) = \sum \pi(\psi_H^*) = \sum \pi(\psi_H)^*\,,$$

woraus gerade hervorgeht, daß $n \in V_p$ ist.

Der Beweis von Satz 21 erfolgt nun unter Benutzung der Form (c); hierzu sind aber noch einige Hilfsresultate erforderlich, die in den folgenden Nummern behandelt werden sollen.

10.2. p-reguläre Elemente

Definition. *Ein Element s von G heißt p-regulär, wenn seine Ordnung zu p prim ist. Es soll p-unipotent heißen, wenn seine Ordnung eine Potenz von p ist.*

Die Betrachtung der von x mit $x \in G$ erzeugten zyklischen Untergruppe zeigt, daß sich x eindeutig in der Form $x = x_r \cdot x_u$ schreiben läßt, wo x_r p-regulär, x_u p-unipotent ist und wo x_r und x_u miteinander kommutieren.

x sei ein p-reguläres Element, $Z(x)$ der Zentralisator von x in G, C die von x erzeugte zyklische Untergruppe von G und P eine p-Sylow-Gruppe von $Z(x)$. Es sei $H = C \times P$; die Gruppe H ist p-elementar, wir wollen von ihr sagen, sie sei eine *zu x gehörige* p-elementare Untergruppe. Sie ist bis auf Transformation mit einem Element von $Z(x)$ bestimmt. Aus dem Satz von Sylow folgt unmittelbar, daß diese Gruppen unter den p-elementaren Untergruppen von G maximal sind.

10.3. Konstruktion spezieller Charaktere

(Hier wie stets im folgenden bedeutet „ganzzahlig“ dasselbe wie „mit Werten in $\mathbf{Z}$“.)

Lemma 1. *Jede zentrale Funktion f auf G, deren Werte durch* $g = \text{Card } G$ *teilbare ganze Zahlen sind, ist Linearkombination mit Koeffizienten aus A von Charakteren, die durch Charaktere zyklischer Untergruppen von G induziert werden.*

Nach Aussage 17 kann man unter Benutzung der dortigen Bezeichnungen schreiben $g = \sum \Theta_A^*$, also $f \cdot g = \sum (\Theta_A \cdot f|_A)^*$. Da $f = g \cdot \chi$ ist, wo χ eine zentrale Funktion auf G mit ganzzahligen Werten ist, schließt man hieraus auf $f = \sum (\Theta_A \cdot \chi|_A)^*$, womit der Beweis des Lemmas beendet ist.

Lemma 2. *χ sei ein Element aus $R(G) \otimes A$ mit ganzzahligen Werten und $x = x_r \cdot x_u$ die kanonische Zerlegung eines Elements x von G in einen p-regulären und einen p-unipotenten Faktor. Dann ist* $\chi(x) \equiv \chi(x_r)$ (mod. p).

Die Einschränkung von χ auf die von x erzeugte zyklische Gruppe C zerlegt sich in eine Linearkombination von irreduziblen Charakteren χ_i von C mit Koeffizienten aus A. Da $x^{p^n} = x_r^{p^n}$ für eine geeignete ganze Zahl n gilt und da die Gruppe C abelsch ist, haben die Charaktere χ_i den Grad Eins. Hieraus folgt, daß $\chi_i(x)^{p^n} = \chi_i(x_r)^{p^n}$ für alle i und $\chi(x)^{p^n}$

$\equiv \chi(x_r)^{p^n} \pmod{p\,A}$ ist. Aus $p\,A \cap \mathbf{Z} = p\,\mathbf{Z}$ und aus der vorstehenden Kongruenz schließt man auf $\chi(x)^{p^n} \equiv \chi(x_r)^{p^n} \pmod{p}$, woraus endgültig

$$\chi(x) \equiv \chi(x_r) \pmod{p}$$

folgt.

Lemma 3. *Es sei x ein p-reguläres Element von G und H eine x zugeordnete p-elementare Untergruppe; dann existiert ein $\psi \in R(H) \otimes A$ mit ganzzahligen Werten, so daß der in G induzierte Charakter ψ^* die folgenden Eigenschaften besitzt:*

a) $\psi^*(x) \not\equiv 0 \pmod{p}$,

b) $\psi^*(s) = 0$ *für jedes Element s von G, das p-regulär und nicht zu x konjugiert ist.*

Mit den Bezeichnungen von 10.2 hat man $H = C \times P$, wo C die von x erzeugte zyklische Gruppe ist. Ferner werde $c = \operatorname{Card} C$, $h = \operatorname{Card} H$ und $h = c \cdot p^n$ mit $n \leqq N$ gesetzt. Man definiert dann die Funktionen ψ_C und ψ_P auf C bzw. P durch $\psi_P = 1$ und $\psi_C(x) = c$ und 0 sonst; ψ_P ist ein Charakter von P, ψ_C zerfällt in

$$\psi_C = \sum_{\chi\,\mathrm{irr.}} \langle \chi, \psi_C \rangle\, \chi = \sum_{\chi\,\mathrm{irr.}} \chi(x^{-1})\, \chi\,,$$

und da $\chi(x^{-1})$ zu A gehört, hat man $\psi_C \in R(C) \otimes A$.

ψ sei die durch

$$\psi(x\,y) = \psi_C(x) \cdot \psi_P(y) \qquad \text{mit} \qquad x \in C,\, y \in P$$

definierte Funktion auf $H = C \times P$. Aus dem Vorangegangenen folgt, daß ψ zu $R(H) \otimes A$ gehört. Wenn s ein p-reguläres Element von G und $y \in G$ ist, so ist das Element $y\,s\,y^{-1}$ p-regulär. Es kann also nur dann $\psi(y\,s\,y^{-1}) \neq 0$ sein, wenn $y\,s\,y^{-1} = x$ ist. Die Funktion ψ^* genügt also der Bedingung (b). Ferner gilt

$$\psi^*(x) = \frac{1}{h} \sum_{y x y^{-1} \in H} \psi(y\,x\,y^{-1}) = \frac{1}{h} \sum_{y\,x\,y^{-1} = x} c$$

$$= \frac{1}{p^n} \big(Z(x):1\big)\,,$$

wo $Z(x)$ der Zentralisator von x ist. Da aber P eine Sylow-Gruppe von $Z(x)$ ist, gilt $\big(Z(x):1\big) = p^n\,m$ mit $(p, m) = 1$, woraus $\psi^*(x) = m \not\equiv 0 \bmod p$ folgt, was (a) beweist.

Lemma 4. *Es gibt ein Element* χ *von* $R(G) \otimes A$ *mit ganzzahligen Werten, so daß gilt:*

(a) $\chi(x) \not\equiv 0 \pmod{p}$ *für alle* x *aus* G.

(b) χ *ist Linearkombination induzierter Charaktere* ψ_H^* *mit ganzzahligen Koeffizienten, wo* H *eine* p*-elementare Untergruppe von* G *und* $\psi_H \in R(H) \otimes A$ *ist.*

Es sei $(x_i)_{i \in I}$ ein Repräsentantensystem der p-regulären Klassen. Lemma 3 zufolge kann man eine Funktion ψ_i mit ganzzahligen Werten konstruieren, so daß $\psi_i^*(x_i) \not\equiv 0 \pmod{p}$ und $\psi_i^*(x_j) \neq 0$ für $j \neq i$ gilt. χ sei die Funktion $\sum \psi_i^*$; es ist evident, daß sie ganzzahlige Werte besitzt und (b) genügt. Wenn $x \in G$ ist, ist der p-reguläre Faktor von x zu einem und nur einem x_i konjugiert. Nach Lemma 2 gilt dann

$$\chi(x) \equiv \chi(x_i) \equiv \chi_i(x_i) \not\equiv 0 \mod p\,,$$

die Bedingung (a) ist also erfüllt.

Lemma 5. *Die Behauptung ist dieselbe wie die von Lemma* 4, (a) *wird aber ersetzt durch:*

(a') $\chi(x) \equiv 1 \pmod{p^k}$ *für alle* $x \in G$, $k \in N$ *vorgegeben.*

Die Kombinationen induzierter Charaktere bilden ein Ideal, sind also gegenüber Multiplikation invariant. Die Funktion von Lemma 4, in die $\varphi(p^k) = p^{k-1}(p-1)$-te Potenz erhoben, leistet das Gewünschte.

10.4. Beweis von Satz 21

Es sei Card $\boldsymbol{G} = g = p^k \cdot m$ mit $(m, p) = 1$. Nach Lemma 5 gibt es ein $\chi \in R(G) \otimes A$ mit $\chi(x) \equiv 1 \pmod{p^k}$ für alle x von G, das Linearkombination mit ganzzahligen Koeffizienten von Charakteren ist, die durch Charaktere p-elementarer Untergruppen induziert werden. Hieraus folgt, daß die Funktion $\psi = m(\chi^{-1})$ durch g teilbare ganzzahlige Werte besitzt, daß also ψ Lemma 1 zufolge auch Linearkombination mit Koeffizienten aus A von Charakteren ist, die durch Charaktere zyklischer Untergruppen von G induziert werden. Da jede zyklische Untergruppe von G p-elementar ist, liegt $m = m\,\chi - \psi$ in $V_p \otimes A$, was die Form (c) von Satz 21 beweist.

10.5. *Satz von* BRAUER

Satz 22. *Jeder Charakter ist Linearkombination mit ganzzahligen Koeffizienten von Charakteren, die durch Charaktere elementarer Untergruppen induziert werden.*

Beweis. Es sei V die Summe der V_p mit p prim. Nach Satz 21 enthält jedes V_p eine von Null verschiedene und zu p prime ganze Zahl n_p. Da der g. g. T. der n_p gleich 1 ist, schließt man hieraus, daß 1 zu V gehört, daß also $V = R(G)$ ist, da V ein Ideal von $R(G)$ ist. Damit ist der Satz bewiesen.

Satz 23. *Jeder Charakter ist Linearkombination mit ganzzahligen Koeffizienten von Charakteren, die durch Charaktere ersten Grades induziert werden.*

Das folgt in offensichtlicher Weise aus den Sätzen 22 und 20 sowie aus der Transitivität des Übergangs zur induzierten Darstellung.

§ 11. Anwendungen des Satzes von BRAUER

11.1. *Charakterisierung der Charaktere*

Satz 24. *Es sei B ein Unterring von C und φ eine komplexwertige zentrale Funktion auf G, deren Einschränkung auf eine beliebige elementare Untergruppe H von G stets in $R(H) \otimes B$ liegt; dann ist φ ein Element von $R(G) \otimes B$.*

Beweis. Aus dem Satz von BRAUER folgt, daß 1 Linearkombination induzierter Charaktere ψ_H^* mit ganzzahligen Koeffizienten ist, wobei H eine elementare Untergruppe und $\psi_H \in R(H)$ ist. Hieraus ergibt sich

$$\varphi = \sum_H \varphi \cdot \psi_H^* = \sum_H (\varphi|_H \cdot \psi_H)^* .$$

Aus den Voraussetzungen schließt man dann, daß $\varphi \in R(G) \otimes B$ ist.

Satz 25. *Es sei φ eine zentrale Funktion auf G mit der Eigenschaft, daß die Zahl*

$$\frac{1}{\operatorname{Card} H} \sum_{s \in H} \chi(s^{-1})\, \varphi(s)$$

für jede elementare Untergruppe H von G und jeden Homomorphismus $\chi\colon H \to C^*$ zu B gehört. Dann gehört φ zu $R(G) \otimes B$.

Beweis. Die Einschränkung von φ auf eine beliebige elementare Untergruppe H von G zerlegt sich nach den irreduziblen Charakteren ω von H: $\varphi|_H = \sum c_\omega \cdot \omega$ und $c_\omega = \langle \omega, \varphi|_H \rangle_H$. Nach Satz 23 wird ω durch einen Charakter χ vom Grade Eins einer Untergruppe H' von H induziert. Aus dem FROBENIUSschen Reziprozitätstheorem geht hervor, daß $c_\omega = \langle \chi^*, \varphi|_H \rangle_H = \langle \chi, \varphi|_{H'} \rangle_{H'}$ ist. Da H' eine elementare Untergruppe von G ist, ist nach Voraussetzung $c_\omega \in B$ und $\varphi|_H \in R(H) \otimes B$, so daß man Satz 24 anwenden kann.

Korollar 1. *Dafür, daß eine zentrale Funktion ein Charakter ist, ist notwendig und hinreichend, daß die Bedingung von Satz 25 mit* $B = \mathbf{Z}$ *erfüllt wird.*

Korollar 2. *Notwendig und hinreichend dafür, daß eine zentrale Funktion* φ *auf* G *einen irreduziblen Charakter darstellt, ist das Erfülltsein der folgenden Bedingungen:*

a) *Für jede elementare Untergruppe* H *von* G *und jeden Homomorphismus* $\chi : H \to \mathbf{C}$ *gilt* $\langle \chi, \varphi|_H \rangle_H \in \mathbf{Z}$.

b) $\langle \varphi, \varphi \rangle_G = 1$.

c) $\varphi(1) \geqq 0$.

Es ist evident, daß diese Bedingungen notwendig sind. Umgekehrt zerlegt sich eine zentrale Funktion φ nach den irreduziblen Charakteren ω von G: $\varphi = \sum n_\omega \cdot \omega$. Die Bedingung (a) zieht nach sich, daß n_ω ganz ist; die Bedingung (b) übersetzt sich durch $\sum n_\omega^2 = 1$, also $\varphi = \pm\, \omega$, und wenn $\varphi = -\,\omega$ wäre, würde $\varphi(1)$ negativ sein im Widerspruch zu (c).

Bemerkung. Satz 24 läßt sich als eine Verheftbarkeitseigenschaft umformulieren: Jeder elementaren Untergruppe H von G werde ein $\varphi_H \in R(H)$ zugeordnet, das den folgenden Kompatibilitätsbedingungen genügt:

a) $\varphi_H|_{H'} = \varphi_{H'}|_H = \varphi_{H \cap H'} \in R(H \cap H')$,

b) $\varphi_{s^{\prime} H s} = \varphi \circ \operatorname{Int} s \quad (\operatorname{Int} s \colon x \mapsto s x s^{-1})$.

Dann existiert ein eindeutig bestimmtes $\varphi \in R(G)$ mit $\varphi|_H = \varphi_H$.

Satz 26. *Die Abbildung* $\operatorname{Res}\colon R(G) \to \sum R(H)$ *ist eine direkte Injektion.*

(A und B seien zwei abelsche Gruppen. Dann heißt ein Homomorphismus $i\colon A \to B$ *direkte Injektion*, wenn durch ihn A in einen direkten Faktor von B abgebildet wird, was gleichbedeutend mit der Existenz einer Retraktion $r\colon B \to A$ ist.)

Beweis. Die Transponierte von Res ist Ind: $\sum R(H) \to R(G)$, und dies ist nach dem Satz von BRAUER eine surjektive Abbildung.

11.2. Umkehrung des Satzes von Brauer

Lemma. *Es sei x ein p-reguläres Element von G, $C \times P$ eine zugehörige elementare Untergruppe und H eine Untergruppe von G, die keine Konjugierte von $C \times P$ enthält. Dann gilt für jedes Element ψ von $R(H)$ $\psi^*(x) \equiv 0$ mod. p.*

Es sei $S(x)$ die Menge der zu x konjugierten Elemente und $Z(x)$ der Zentralisator von x in G. Dann gilt

$$\psi^*(x) = \frac{\operatorname{Card} Z(x)}{\operatorname{Card} H} \sum_{y \in S(x) \cap H} \psi(y) .$$

$(H_i)_{i \in I}$ seien die verschiedenen in $S(x) \cap H$ enthaltenen Klassen konjugierter Elemente von H. In jedem H_i werde ein Element y_i gewählt. Die Anzahl der zu y_i konjugierten Elemente in H ist gleich Card H_i; andererseits ist sie gleich $\big(H\colon H \cap Z(y_i)\big)$. Es ist also

$$\psi^*(x) = \frac{\operatorname{Card} Z(x)}{\operatorname{Card} H} \sum_{i \in I,} \operatorname{Card} H_i \cdot \psi(y_i)$$

$$= \sum_{i \in I} n_i \psi(y_i) \quad \text{mit} \quad n_i = \frac{\operatorname{Card} Z(y_i)}{\operatorname{Card}\,(H \cap Z(y_i))} .$$

Angenommen nun, für ein $i \in I$ sei $n_i \not\equiv 0$ mod. p. Dann sind Card $Z(y_i)$ und Card $\big(H \cap Z(y_i)\big)$ durch dieselbe Potenz von p teilbar; eine p-Sylow-Gruppe P_i von $H \cap Z(y_i)$ ist also auch eine Sylow-Gruppe von $Z(y_i)$. Wenn C_i die von y_i erzeugte zyklische Gruppe ist, so ist $C_i \times P_i$ in H enthalten, und es handelt sich dabei um eine zu y_i gehörige p-elementare Untergruppe. Da y_i und x konjugiert sind, ist $C_i \times P_i$ zu $C \times P$ konjugiert. Das widerspricht aber der über H gemachten Annahme. Es ist also $n_i \equiv 0$ mod. p für jedes i, woraus offensichtlich $\psi^*(x) \equiv 0$ mod. p folgt.

Satz 27 (J. Green). *Es sei $(H_i)_{i \in I}$ eine Familie von Untergruppen von G mit $R(G) = \sum_{i \in I} \operatorname{Ind} R(H_i)$. Dann ist jede elementare Untergruppe von G in einer konjugierten Untergruppe einer der H_i enthalten.*

Beweis. $C \times P$ sei eine p-elementare Untergruppe von G. Man kann annehmen, daß diese Untergruppe *maximal* sei, daß sie also einem p-regulären Element x von G zugeordnet ist. Wäre $C \times P$ in keiner konjugierten Untergruppe der H_i enthalten, so würde das obige Lemma zeigen, daß $\chi(x) \equiv 0$ mod. p für jedes $\chi \in \sum \operatorname{Ind} R(H_i)$, also auch für den Einscharakter von G gilt, was absurd ist.

11.3. Spektrum von $R(G) \otimes A$

Hinweis. Es sei A ein kommutativer Ring. Das *Spektrum* von A, das mit Spec (A) bezeichnet wird, ist die mit der ZARISKI-Topologie versehene *Menge der Primideale* von A.

Es sei A der von den g-ten Einheitswurzeln in C erzeugte Ring und $A^{\mathrm{Cl}(G)}$ die Algebra der zentralen Funktionen auf G mit Werten in A. Dann bekommt man die folgenden kanonischen injektiven Abbildungen: $A \to R(G) \otimes A \to A^{\mathrm{Cl}(G)}$, aus denen man

$$\operatorname{Spec}(A) \leftarrow \operatorname{Spec}\big(R(G) \otimes A\big) \leftarrow \operatorname{Spec}(A^{\mathrm{Cl}(G)})$$

herleitet.

Bekanntlich wird Spec A aus dem Ideal $\{0\}$ und den maximalen Idealen von A gebildet. Jedem von Null verschiedenen Element M von Spec (A) wird also die Charakteristik p des Körpers A/M zugeordnet, die Restklassenkörpercharakteristik von M heißt.

Man definiert das Ideal $P_{c,M}$ von $A^{\mathrm{Cl}(G)}$ durch $P_{c,M} = \{f \in A^{\mathrm{Cl}(G)} | f(c) \in M\}$ mit $c \in \mathrm{Cl}(G)$ und $M \in$ Spec (A).

Satz 28. *Ordnet man*

a) *jeder Klasse* $c \in \mathrm{Cl}(G)$ $P_{c,0}$,

b) *jedem maximalen Ideal M von A mit der Restklassenkörpercharakteristik p und jeder p-regulären Klasse c von G $P_{c,M}$ zu, so erhält man alle Primideale von $R(G) \otimes A$, und zwar jedes genau einmal.*

Beweis. $A^{\mathrm{Cl}(G)}$ ist bekanntlich ein endlich-erzeugbarer $\mathbf{Z}$-Modul, und da $R(G) \otimes A$ in $A^{\mathrm{Cl}(G)}$ enthalten ist, schließt man hieraus, daß $A^{\mathrm{Cl}(G)}$ ganz über $R(G) \otimes A$ ist und daß sich die Primideale von $R(G) \otimes A$ in $A^{\mathrm{Cl}(G)}$ liften. Die Primideale von $A^{\mathrm{Cl}(G)}$ haben die Form $P_{c,M}$ mit $M \in$ Spec (A). c sei eine Klasse von G, deren p-reguläre Komponente c_r ist; dann erkennt man durch eine ähnliche Überlegung wie beim Beweis von Lemma 3 von 10.3, daß $P_{c,M} = P_{c_r,M}$ ist. c_1 und c_2 seien zwei p-reguläre Klassen von G mit $c_1 \neq c_2$; dann wählt man mit den Bezeichnungen von Lemma 4 $\chi(c_1) \not\equiv 0 \pmod{p}$ und $\chi(c_2) = 0$; Lemma 4 zeigt dann, daß $P_{c_1,M} \neq P_{c_2,M}$ ist. Aus diesen beiden Resultaten ergibt sich die Behauptung des Satzes.

Bemerkung.

Die Bestimmung von Spec $\big(R(G) \otimes A\big)$ ist dem Satz von BRAUER genau äquivalent. Man kann das Ergebnis graphisch darstellen, indem man jeder

Klasse von $R(G) \otimes A$ eine Gerade zuordnet, so daß zwei Klassen c_1 und c_2 dann und nur dann oberhalb eines maximalen Ideals von A der Restklassenkörpercharakteristik p einen Punkt gemein haben, wenn ihre p-regulären Komponenten in diesem Punkt gleich sind:

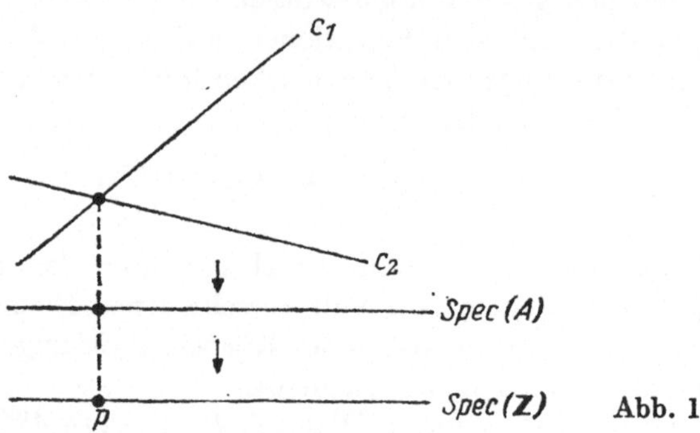

Abb. 1

Aussage 19. Spec $R(G) \otimes A$ *ist zusammenhängend.*

x sei ein Element von G der Ordnung $p_1^{n_1} \cdot p_2^{n_2} \ldots p_k^{n_k}$; dann zerlegt sich x in ein Produkt $x = x_{p_1} \cdot x_{p_2} \ldots x_{p_k}$, wo x_{p_i} die Ordnung $p_i^{n_i}$ hat. Die x und die $x_{p_2} \ldots x_{p_k}$ zugeordnete Klasse haben dieselbe p_1-reguläre Komponente. Die entsprechenden „Geraden“ von Spec $R(G) \otimes A$ schneiden sich also. Indem man auf diese Weise Schritt für Schritt weitergeht, bis man zur Klasse von 1 gelangt, erkennt man gerade, daß Spec $R(G) \otimes A$ zusammenhängend ist.

Korollar. Spec $R(G)$ *ist zusammenhängend.*

Das ist nämlich das Bild von Spec $R(G) \otimes A$ bei einer stetigen Abbildung.

Beispiel.

Wenn G die symmetrische Gruppe dreier Elemente $\mathfrak{S}_3$ ist, gibt es drei Klassen konjugierter Elemente: 1, c_2 (die die Elemente der Ordnung 2 enthält) und c_3 (die die Elemente der Ordnung 3 enthält). Im Ring A gibt es ein einziges Primideal p_2 der Restklassenkörpercharakteristik 2; dasselbe gilt für 3. Das Spektrum von $R(G) \otimes A$ wird von drei „Geraden“ gebildet, die sich, wie nebenstehend angegeben, schneiden:

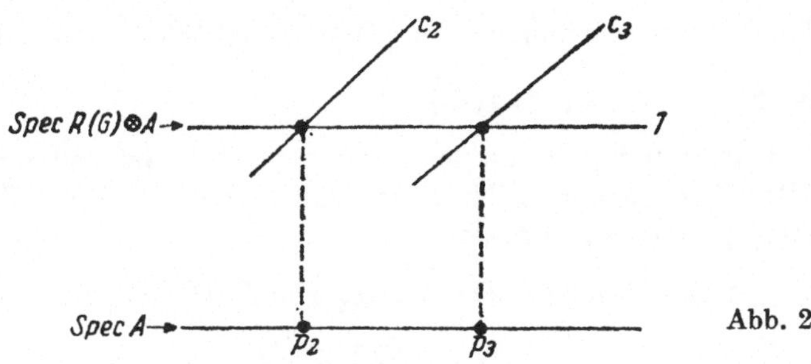

Abb. 2

§ 12. Rationalität der Darstellungen

Bisher haben wir nur über dem Körper $\boldsymbol{C}$ der komplexen Zahlen definierte Darstellungen untersucht. In Wahrheit bleiben alle Beweise der vorangegangenen Paragraphen über einem algebraisch abgeschlossenen Körper der Charakteristik Null gültig, beispielsweise auf dem algebraischen Abschluß von $\boldsymbol{Q}$; wir wollen jetzt sehen, was im Falle eines Körpers passiert, der nicht algebraisch abgeschlossen ist.

12.1. Die Ringe $R_K(G)$ und $\overline{R}_K(G)$

In diesem ganzen Paragraphen wird mit K ein Körper der Charakteristik Null und mit C ein K enthaltender algebraisch abgeschlossener Körper bezeichnet. G sei eine endliche Gruppe. Eine lineare Darstellung von G über K ist ein Homomorphismus $\varrho\colon G \to GL(V)$, wo V ein K-Vektorraum endlicher Dimension ist; gleichbedeutend damit ist die Aussage, daß V ein Modul (endlicher Dimension) über dem Gruppenring $K[G]$ der Gruppe G ist. Der Charakter $\chi_V(s) = Tr\,\varrho(s)$ von ϱ ist eine zentrale Funktion auf G mit Werten in K. Mit $R_K(G)$ werden wir die von diesen Funktionen (für alle linearen Darstellungen von G über K) erzeugte Gruppe bezeichnen; das ist eine Untergruppe (und sogar ein Unterring) des in den vorangegangenen Paragraphen untersuchten Rings $R(G) = R_C(G)$.

A u s s a g e 20. *(V_i, ϱ_i) seien die verschiedenen irreduziblen linearen Darstellungen von G über K (bis auf Äquivalenz) und χ_i die entsprechenden Charaktere. Dann gilt:*

a) *Die χ_i bilden eine Basis von $R_K(G)$.*

b) *Die χ_i sind untereinander orthogonal.*

(Es handelt sich wie üblich um die Orthogonalität bezüglich der Bilinearform $\langle\varphi, \chi\rangle = \frac{1}{g} \sum_{s \in G} \varphi(s^{-1})\, \chi(s)$.)

Es ist klar, daß $R_K(G)$ von den χ_i erzeugt wird. Ist andererseits $i \neq j$, so gilt $\mathrm{Hom}^G(V_i, V_j) = 0$. Nun hat man allgemein, wenn V und W als Charaktere χ_V und χ_W besitzen,

$$\begin{aligned}\dim_K \mathrm{Hom}^G(V, W) &= \dim_C \mathrm{Hom}^G(C \otimes V, C \otimes W)\\ &= \langle\chi_V, \chi_W\rangle .\end{aligned}$$

Hieraus schließt man, daß $\langle\chi_i, \chi_j\rangle = 0$ und daß $\langle\chi_i, \chi_i\rangle$ eine ganze Zahl $\geqq 1$ ist (und zwar gleich 1, wenn V_i absolut irreduzibel ist). Hieraus folgt zugleich, daß die χ_i linear unabhängig sind.

Korollar. *Dafür, daß eine lineare Darstellung von G über C auch über K realisierbar ist (d. h. von der Form $C \otimes V$ mit einer linearen Darstellung V von G über K ist), ist notwendig und hinreichend, daß ihre Charakter zu $R_K(G)$ gehört.*

Die Bedingung ist offensichtlich notwendig. Wir wollen umgekehrt annehmen, daß sie erfüllt sei und daß χ der entsprechende Charakter ist. Dann gilt

$$\chi = \sum n_i \chi_i \quad \text{mit} \quad n_i \in \mathbf{Z} .$$

Hieraus schließt man

$$\langle\chi, \chi_i\rangle = n_i \langle\chi_i, \chi_i\rangle \quad \text{für alle } i .$$

Da aber χ der Charakter einer Darstellung von G über C ist, ist das Skalarprodukt $\langle\chi, \chi_i\rangle \geqq 0$. Hieraus schließt man, daß n_i positiv und χ demnach durch die direkte Summe der $V_i^{n_i}$ realisierbar ist.

Bemerkung. Die Gruppe $R_K(G)$ könnte als die GROTHENDIECK-*Gruppe* der Kategorie der endlichdimensionalen $K[G]$-Moduln definiert werden.

Neben dieser Gruppe hat man noch die Gruppe $\overline{R}_K(G)$ der Elemente von $R(G)$ *mit Werten in* K zu betrachten. Offensichtlich gilt $R_K(G) \subset \overline{R}_K(G)$. Ferner gilt:

Aussage 21. *Die Gruppe $R_K(G)$ ist eine Untergruppe von $\overline{R}_K(G)$ von endlichem Index.*

Wir stellen zunächst fest, daß jede irreduzible Darstellung von G über C über dem algebraischen Abschluß von K, also auch über einer endlichen

Erweiterung von K realisierbar ist (nämlich derjenigen, die von den Koeffizienten einer entsprechenden Matrixdarstellung erzeugt wird). Hieraus schließt man auf die Existenz einer endlichen Erweiterung L von K mit $R_L(G) = R(G)$; $d = [L:K]$ sei der Grad dieser Erweiterung. Die Aussage entspringt dann aus dem folgenden Lemma.

Lemma. *Es ist* $d \cdot \overline{R}_K(G) \subset R_K(G)$.

Es sei zunächst V eine lineare Darstellung von G über L und χ ihr Charakter; indem man den Skalarenbereich einschränkt, kann man V als einen K-Vektorraum (von d-mal so großer Dimension) und sogar als eine lineare Darstellung von G über K betrachten. Man sieht sogleich, daß der Charakter dieser Darstellung gleich $Tr_{L/K}(\chi)$ ist, wo $Tr_{L/K}$ die zur Erweiterung L/K gehörige Spur bezeichnet. Wegen der Linearität schließt man hieraus, daß $Tr_{L/K}(\chi) \in R_K(G)$ für alle $\chi \in R_L(G) = R(G)$ gilt. Wir wollen insbesondere $\chi \in \overline{R}_K(G)$ wählen, d. h. annehmen, daß die Werte von χ zu K gehören. Dann bekommt man $Tr_{L/K}(\chi) = d \cdot \chi$ und damit $d \cdot \chi \in R_K(G)$, womit der Beweis erbracht ist.

Korollar. *Es gilt* $\mathbf{Q} \otimes R_K(G) = \mathbf{Q} \otimes \overline{R}_K(G)$.

Bemerkung. Man kann $\overline{R}_K(G)$ ganz explizit angeben: Unter Verwendung der Bezeichnungen von Aussage 20 sei D_i der *Kommutant* der irreduziblen Darstellung V_i. D_i ist bekanntlich (SCHURsches Lemma) ein (Schief)Körper; wenn K_i sein Zentrum bezeichnet, ist der Grad $[L_i : K_i]$ eine Quadratzahl, etwa d_i^2. Dann kann man beweisen (SCHUR), daß $\overline{R}_K(G)$ *die Charaktere* $\frac{1}{d_i}\chi_i$ *als Basis besitzt.* Dieses Ergebnis, das viel genauer als Aussage 21 ist, zeigt, daß *dann und nur dann* $R_K(G) = \overline{R}_K(G)$ *gilt, wenn die* D_i *kommutativ sind* (das ist insbesondere dann der Fall, wenn G selbst kommutativ ist).

12.2. Ein Satz von BRAUER

Wir wollen die Bezeichnungen der vorangegangenen Nummer beibehalten und mit m das k. g. V. der Ordnungen der Elemente der Gruppe G bezeichnen.

Satz 29 (BRAUER). *Wenn K alle m-ten Einheitswurzeln enthält, so gilt* $R_K(G) = R(G)$.

(Im Hinblick auf das Korollar zu Auss. 20 (vgl. 12.1) ist das gleichbedeutend mit der Aussage, daß sich jede lineare Darstellung von G *über K realisieren* läßt.)

Es sei $\chi \in R(G)$. Auf Grund einer einfachen Folgerung aus dem Satz von BRAUER (vgl. 10.5, Satz 23) gilt

$$\chi = \sum n_i \operatorname{Ind}(\varphi_i) \quad \text{mit} \quad n_i \in \mathbf{Z},$$

wo die φ_i Charaktere ersten Grades von Untergruppen H_i von G sind. Die Werte der φ_i sind also m-te Einheitswurzeln, und sie gehören nach Voraussetzung K an; daher ist $\varphi_i \in R_K(H_i)$. Andererseits zeigt aber die in § 7 gegebene Konstruktion der induzierten Darstellungen, daß $\operatorname{Ind} R_K(H)$ in $R_K(G)$ enthalten ist. Es gilt also $\operatorname{Ind}(\varphi_i) \in R_K(G)$ und damit $\chi \in R_K(G)$, q. e. d.

Korollar. *Jede lineare Darstellung von G läßt sich über dem Körper $\mathbf{Q}(m)$ realisieren, den man erhält, indem man zu $\mathbf{Q}$ die m-ten Einheitswurzeln adjungiert.*

Dieses Resultat hat bereits SCHUR vermutet, der es in gewissen Spezialfällen bewiesen hat.

12.3. Der Rang der Gruppe $R_K(G)$

Wir kehren jetzt zum Fall eines beliebigen Körpers der Charakteristik Null zurück. Wir wollen den *Rang* der Gruppe $R_K(G)$ oder, was auf dasselbe hinausläuft, *die Anzahl der irreduziblen Darstellungen von G über K bestimmen.*

Die ganze Zahl m möge dieselbe Bedeutung wie oben haben, und L sei der durch Adjunktion der m-ten Einheitswurzeln aus K erhaltene Körper. Bekanntlich (vgl. beispielsweise BOURBAKI, Alg., Chap. V) ist die Erweiterung L/K eine galoissche Erweiterung, deren galoissche Gruppe eine Untergruppe der multiplikativen Gruppe $(\mathbf{Z}/m\,\mathbf{Z})^*$ der invertierbaren Elemente von $\mathbf{Z}/m\,\mathbf{Z}$ ist. Genauer: Wenn $\sigma \in \operatorname{Gal}(L/K)$ ist, so existiert ein und nur ein Element $t \in (\mathbf{Z}/m\,\mathbf{Z})^*$ mit

$$\sigma(w) = w^t, \quad \text{falls} \quad w^n = 1.$$

Wir werden mit Γ_K das Bild von $\operatorname{Gal}(L/K)$ in $(\mathbf{Z}/m\,\mathbf{Z})^*$ und für $t \in \Gamma_K$ mit σ_t das entsprechende Element von $\operatorname{Gal}(L/K)$ bezeichnen. In der vorangegangenen Nummer haben wir den Fall $\Gamma_K = \{1\}$ betrachtet.

Es sei $s \in G$ und n eine ganze Zahl. Das Element s^n von G hängt nur von der Restklasse von n modulo der Ordnung von s, *erst recht* also modulo m ab; insbesondere ist s^t für jedes $t \in \Gamma_K$ definiert. Die Gruppe Γ_K operiert auf der G unterliegenden Menge als *Permutationsgruppe.* Wir werden sagen, zwei Elemente s, s' aus G seien *Γ_K-konjugiert*, wenn es ein $t \in \Gamma_K$ gibt, so daß s' und s^t konjugiert sind. Die auf diese Weise definierte Relation stellt eine Äquivalenzrelation dar; ihre Äquivalenzklassen heißen die *Γ_K-Klassen* von G.

Aussage 22. *Wenn $\chi \in R(G)$ und $t \in \Gamma_K$ ist, so gilt*

$$(*) \qquad \sigma_t(\chi(s)) = \chi(s^t)$$

für alle $s \in G$.

(Diese Aussage hat einen Sinn, denn die *Werte* von χ gehören L an.)

Es genügt, (*) in dem Fall zu beweisen, daß χ der Charakter einer Darstellung ϱ von G ist. In diesem Fall sind die Eigenwerte w_i von $\varrho(s)$ m-te Einheitswurzeln; die von s^t sind die w_i^t. Man bekommt also

$$\sigma_t(\chi(s)) = \sigma_t(\textstyle\sum w_i) = \sum \sigma_t(w_i) = \sum w_i^t = \chi(s^t)\,, \qquad \text{q. e. d.}$$

Korollar. *Notwendig und hinreichend dafür, daß die Werte von $\chi \in R(G)$ in K liegen, ist, daß $\chi(s^t) = \chi(s)$ für alle $t \in \Gamma_K$ gilt.*

In der Tat ist die Aussage, daß $\chi(s)$ zu K gehört, gleichbedeutend damit, daß $\chi(s)$ gegenüber allen σ_t mit $t \in \Gamma_K$ invariant ist.

Satz 30. *Es seien χ_i die Charaktere der verschiedenen irreduziblen Darstellungen von G über K. Dann bilden die χ_i eine Basis des Raums der Funktionen auf G, die auf den Γ_K-Klassen konstant sind.*

X sei der Vektorraum der Funktionen auf G mit Werten in L, die auf den Γ_K-Klassen von G konstant sind. Nach dem obigen Korollar gilt dann $\chi_i \in X$ für alle i, während andererseits die χ_i bekanntlich linear unabhängig sind. Es bleibt also noch nachzuweisen, daß X von den χ_i *erzeugt* wird, oder, daß es zu jeder Γ_K-Klasse P von G eine Linearkombination der χ_i mit Koeffizienten in L (oder in K, was auf dasselbe hinausläuft) gibt, die auf P nicht verschwindet und außerhalb von P Null ist.

Es sei $s \in P$. Dann existiert bekanntlich ein $\varphi \in L \otimes R(G)$, das in s nicht Null ist und in den Elementen, die nicht zu s konjugiert sind, verschwindet. Wir schreiben φ in der Form

$$\varphi = \sum c_j \varphi_j \quad \text{mit} \quad c_j \in L \qquad \text{und} \qquad \varphi_j \in R(G) = R_L(G)\,.$$

Wir setzen $\psi_j = Tr_{L/K}(\varphi_j)$ und $\psi = \sum c_j \psi_j$. Nach dem, was wir in 12.1 gesehen haben, gilt dann $\psi_j \in R_K(G)$, woraus offensichtlich $\psi \in L \otimes R_K(G)$ folgt. Für $x \in G$ gilt

$$\begin{aligned}\psi(x) &= \sum c_j \psi_j(x) = \sum c_j \sum_{t \in \Gamma_K} \sigma_t(\varphi_j(x)) \\ &= \sum c_j \sum_{t \in \Gamma_K} \varphi_j(x^t) = \sum_{t \in \Gamma_K} \psi(x^t)\,.\end{aligned}$$

Diese Formel zeigt, daß $\psi(x)$ dann und nur dann nicht Null ist, wenn x der Γ_K-Klasse P von s angehört, q. e. d.

Korollar. *Die Anzahl der Klassen irreduzibler Darstellungen von G über K ist gleich der Anzahl der Γ_K-Klassen von G.*

Das ist klar.

12.4. Ein Analogon des Satzes von Brauer

Wir behalten die Bezeichnungen der vorstehenden Nummer bei. Es sei C eine zyklische Gruppe, deren Ordnung m teilt, p eine Primzahl, die nicht Teiler der Ordnung von C ist, und E das semidirekte Produkt von C mit einer p-Gruppe P, die so auf C operiert, daß die folgende Bedingung befriedigt wird:

($*_K$) *zu jedem $y \in P$ existiert ein $t \in \Gamma_K$ mit*

$$y\,x\,y^{-1} = x^t \quad \textit{für alle} \quad x \in C\,.$$

(Wenn $\Gamma_K = \{1\}$ ist, bedeutet diese Bedingung einfach, daß C und P *kommutieren*, d. h., daß E mit dem Produkt $C \times P$ zusammenfällt.)

Eine Gruppe, die zu einer Gruppe des vorstehenden Typs isomorph ist, heißt *Γ_K-elementar*. Dann gilt der folgende Satz.

Satz. *Jedes Element von $R_K(G)$ ist Linearkombination mit ganzzahligen Koeffizienten von Elementen der Form* Ind(ψ), *wobei $\psi \in R_K(E)$ und E Γ_K-elementare Untergruppe von G ist.*

Der Beweis ist zu dem des Satzes von Brauer (der dem Fall $\Gamma_K = \{1\}$ entspricht) völlig analog; wir verzichten auf ihn. (Siehe z. B. Curtis-Reiner oder Witt, Crelle J. 190, 1952.)

12.5. Der Fall des Körpers der rationalen Zahlen

Wir wollen $K = \mathbf{Q}$ annehmen; dann ist $L = \mathbf{Q}(m)$ und bekanntlich (Gauss!) $\Gamma_K = (\mathbf{Z}/m\,\mathbf{Z})^*$. Der Begriff der Γ_K-Konjugiertheit reduziert sich dann auf folgendes:

Zwei Elemente s, s' von G sind dann und nur dann $\Gamma_{\mathbf{Q}}$-konjugiert, wenn die von ihnen erzeugten zyklischen Untergruppen konjugiert sind. Hieraus schließt man:

Aussage 23. *Die Anzahl der Klassen irreduzibler Darstellungen von G über $\mathbf{Q}$ ist gleich der Anzahl der Klassen zyklischer Untergruppen von G* und:

Aussage 24. *Notwendig und hinreichend dafür, daß die Werte jedes Charakters von G in $\boldsymbol{Q}$ (also in $\boldsymbol{Z}$) liegen, ist, daß G der folgenden Bedingung genügt:*

(**) *Wenn $s \in G$ und wenn $t \in \boldsymbol{Z}$ zur Ordnung von s prim ist, so sind die Elemente s und s^t konjugiert.*

Beispiel: Die symmetrische Gruppe $\mathfrak{S}_n$ erfüllt (**).

Bemerkung. Wenn (**) erfüllt ist, zeigt die vorangegangene Aussage, daß $R(G) = \overline{R}_{\boldsymbol{Q}}(G)$ ist; es kann indessen $R_{\boldsymbol{Q}}(G) \neq R(G)$ sein, das ist nämlich dann der Fall, wenn G die Quaternionengruppe $\{\pm 1, \pm i, \pm j, \pm k\}$ ist.

Aussage 25. *Jedes Element von $R_{\boldsymbol{Q}}(G)$ ist Linearkombination mit Koeffizienten aus $\boldsymbol{Q}$ von Charakteren der Form $\operatorname{Ind}(1_C)$, wo C eine zyklische Untergruppe von G und 1_C der entsprechende Einscharakter ist.*

(Der induzierte Charakter $\operatorname{Ind}(1_C)$ ist also der Charakter der *Permutationsdarstellung* von G in G/C.)

Es geht darum zu zeigen, daß $\boldsymbol{Q} \otimes R_{\boldsymbol{Q}}(G)$ von den $\operatorname{Ind}(1_C)$ erzeugt wird. Nun ist aber auf $\boldsymbol{Q} \otimes R_{\boldsymbol{Q}}(G)$ ein nichtausgeartetes Skalarprodukt erklärt, das mit $\langle \varphi, \psi \rangle$ bezeichnet werde. Es läuft also auf dasselbe hinaus zu zeigen, daß jedes $\Theta \in R_{\boldsymbol{Q}}(G)$, das zu den $\operatorname{Ind}(1_C)$ orthogonal ist, verschwindet. Nach dem Satz von Frobenius gilt aber

$$\langle \Theta, \operatorname{Ind}(1_C) \rangle = \langle \Theta|_C, 1_C \rangle = \frac{1}{c} \sum_{s \in C} \Theta(s)$$

mit $c = \operatorname{Card}(C)$. Die Aussage 25 ist also zu der folgenden äquivalent:

Aussage 25'. *Wenn $\Theta \in R_{\boldsymbol{Q}}(G)$ die Eigenschaft besitzt, daß $\sum_{s \in C} \Theta(s) = 0$ für jede zyklische Untergruppe C von G gilt, so ist $\Theta = 0$.*

Diese Aussage wird durch Induktion nach $\operatorname{Card}(G)$ bewiesen. Es sei $s \in G$ und $C(s)$ die von s erzeugte zyklische Untergruppe von G. Es sei $x \in C(s)$. Wenn dann x $C(s)$ erzeugt, so ist $\Theta(x) = \Theta(s)$, da x und s $\Gamma_{\boldsymbol{Q}}$-konjugiert sind; erzeugt x dagegen eine von $C(s)$ verschiedene Untergruppe von $C(s)$, so zeigt die Induktionsannahme (auf die Einschränkung von Θ auf diese Untergruppe angewendet), daß $\Theta(x) = 0$ ist. Hieraus schließt man auf

$$\sum_{s \in C(s)} \Theta(x) = a \cdot \Theta(s) ,$$

wo a die Erzeugendenanzahl von $C(s)$ ist. Nach Voraussetzung ist aber

$$\sum_{x \in C(s)} \Theta(x) = 0 .$$

Es gilt also gerade $\Theta(s) = 0$, q. e. d.

Korollar. *Es seien V und V' zwei lineare Darstellungen von G über $\boldsymbol{Q}$. Dafür, daß V zu V' äquivalent ist, ist notwendig und hinreichend, daß für jede zyklische Untergruppe C von G*

$$\dim V^C = \dim V'^C$$

gilt, wo V^C den aus den gegenüber C invarianten Elementen von V gebildeten Unterraum von V bezeichnet.

Die Notwendigkeit ist evident. Um zu erkennen, daß die Bedingung hinreichend ist, seien χ und χ' die Charaktere von V und V'. Es gilt

$$\dim V^C = \langle \chi|_C, 1_C \rangle .$$

Hieraus schließt man, daß mit $\Theta = \chi - \chi'$ $\langle \Theta|_C, 1_C \rangle = 0$ für alle C gilt, woraus nach dem eben Bewiesenen $\Theta = 0$ folgt.

Bemerkung. Es ist keineswegs jedes Element von $R_{\boldsymbol{Q}}(G)$ Linearkombination von Charakteren der Form Ind (1_C) *mit ganzzahligen Koeffizienten*, selbst dann nicht, wenn man nicht nur zyklische Untergruppen zuläßt; das Produkt der Quaternionengruppe mit der zyklischen Gruppe der Ordnung 3 liefert ein Gegenbeispiel.

12.6. Der Fall des Körpers der reellen Zahlen

Es sei zunächst χ ein irreduzibler Charakter von G über $\boldsymbol{C}$, der der Darstellung V entspricht. Dann können drei Fälle eintreten (und diese ereignen sich für gewisse Gruppen G tatsächlich):

(1) Mindestens einer der Werte von χ ist nicht reell. Durch Einschränkung des Skalarenbereichs definiert V dann eine irreduzible Darstellung von G über $\boldsymbol{R}$ mit dem Charakter $\chi + \bar{\chi}$. Man sieht leicht, daß der Kommutant dieser Darstellung $\boldsymbol{C}$ ist.

(2) Die Werte von χ sind reell, und die Darstellung V entspringt durch Erweiterung des Skalarenbereichs aus einer reellen Darstellung V_0; der Charakter von V_0 ist χ; die Darstellung V_0 ist absolut irreduzibel: ihr Kommutant ist $\boldsymbol{R}$.

(3) Die Werte von χ sind reell, V geht aber aus keiner reellen Darstellung hervor. Durch Einschränkung des Skalarenbereichs definiert V dann eine irreduzible reelle Darstellung mit dem Charakter 2χ; ihr Kommutant ist zum Quaternionenkörper $\boldsymbol{H}$ isomorph.

Wenn χ reelle Werte besitzt, kann man folgendermaßen feststellen, welcher der beiden vorstehenden Fälle vorliegt:

Die Aussage, daß χ reelle Werte besitzt, ist gleichbedeutend dazu, daß

$$\chi(s^{-1}) = \chi(s) \quad \text{für alle} \quad s \in G$$

ist, daß V also mit anderen Worten *zu seiner kontragredienten äquivalent ist*. Es gibt dann eine gegenüber G invariante Bilinearform B auf V, die nicht verschwindet. Da V irreduzibel ist, ist diese Form bis auf einen Skalarfaktor eindeutig bestimmt; schreibt man sie in der Form $B = B_+ + B_-$ mit symmetrischem B_+ und alternierendem B_-, so sind B_+ und B_- gleichfalls gegenüber G invariant. Wegen der Eindeutigkeit von B folgt hieraus, daß entweder $B_- = 0$ (und damit B symmetrisch) oder $B_+ = 0$ (und damit B alternierend) ist.

Aussage 26. *Im Falle (2) ist B symmetrisch. Im Falle (3) ist B alternierend.*

Angenommen, es liege der Fall (2) vor. Dann gibt es auf dem reellen Vektorraum V_0 eine nichtausgeartete positive symmetrische Form B_0, die gegenüber G invariant ist; durch Ausdehnung des Skalarenbereichs definiert B_0 auf V eine gegenüber G invariante nichtausgeartete symmetrische Bilinearform B.

Angenommen, es liege der Fall (3) vor. Dann gibt es auf V eine $\boldsymbol{H}$-Vektorraumstruktur, die die gegebene $\boldsymbol{C}$-Vektorraumstruktur fortsetzt und so beschaffen ist, daß die Elemente von G $\boldsymbol{H}$-linear sind. Man kann V mit einer nichtausgearteten positiv definiten $\boldsymbol{H}$-hermiteschen Form versehen, von der man annehmen kann, indem man nötigenfalls zu ihrem Mittelwert übergeht, daß sie gegenüber G invariant ist.

C sei diese Form. Nach Voraussetzung ist dann $C(h\,x, y) = h\,C(x, y)$ für $h \in \boldsymbol{H}$ und $C(x, h\,y) = C(x, y)\,\bar{h}$. Wir schreiben X in der Form

$$C(x, y) = A(x, y) + B(x, y) \cdot j \ \text{ mit } \ A(x, y) \in \boldsymbol{C}\,, \ B(x, y) \in \boldsymbol{C}\,.$$

Durch unmittelbares Nachrechnen erkennt man, daß B eine gegenüber G invariante $\boldsymbol{C}$-alternierende Form auf V ist, und es ist klar, daß sie nicht Null ist, q. e. d.

Korollar. *Im Falle (2) gilt* $\frac{1}{g} \sum_{s \in G} \chi(s^2) = 1$, *wobei g die Ordnung von G ist; im Falle (3) ist dagegen*

$$\frac{1}{g} \sum_{x \in G} \chi(s^2) = -1 .$$

Es sei φ der Charakter der Darstellung $\Lambda^2 V$; wenn $s \in G$ ist und wenn w_i die Eigenwerte von s in V sind, so sind die Eigenwerte von s in $\Lambda^2 V$ die $w_i w_j$ mit $i < j$. Hieraus schließt man

$$\varphi(s) = \sum_{s \in j} w_i w_j = \frac{1}{2} \left((\sum w_i)^2 - \sum w_i^2 \right) = \frac{1}{2} \left(\chi(s)^2 - \chi(s^2) \right) .$$

Es gilt also

$$\langle \varphi, 1 \rangle = \frac{1}{g} \sum_{s \in G} \varphi(s) = \frac{1}{2} \left(\frac{1}{g} \sum_{s \in G} \chi(s)^2 - \frac{1}{g} \sum_{s \in G} \chi(s^2) \right) .$$

Da χ irreduzibel ist und reelle Werte besitzt, ist $\frac{1}{g} \sum_{s \in G} \chi(s)^2 = 1$; andererseits zeigt die vorherige Aussage, daß die Darstellung $\Lambda^2 V$ die Einsdarstellung im Falle (2) (bzw. im Falle (3)) 0-mal (bzw. einmal) enthält. Im Falle (2) ist also $\langle \varphi, 1 \rangle = 0$ und im Falle (3) $\langle \varphi, 1 \rangle = 1$; das Korollar folgt hieraus.

Bemerkung. Es ist leicht zu sehen (indem man beispielsweise die Struktur des Kommutanten untersucht), daß jede irreduzible Darstellung von G über $\mathbf{R}$ von einer der Typen (1), (2), (3) ist. $R_{\mathbf{R}}(G) = \overline{R}_{\mathbf{R}}(G)$ gilt dann und nur dann, wenn nicht der Typ (3) vorliegt.

Aufgaben.

1. Man zeige, daß die Anzahl der reellwertigen irreduziblen Charaktere von G gleich der Anzahl der Klassen c von G mit $c = c^{-1}$ ist.

2. Man zeige, daß im Falle einer Gruppe G von *ungerader Ordnung* die einzige Klasse c von G, die mit ihrem Inversen zusammenfällt, diejenige des neutralen Elements ist.

Hieraus schließe man (Burnside), daß G (außer der Einsdarstellung) keine irreduzible Darstellung besitzt, deren Charakter *reell* ist.

TEIL II

Einführung in die BRAUERsche Theorie

Einleitung

Es geht darum, die Darstellungen einer endlichen Gruppe G im Falle der Charakteristik p und der Charakteristik Null miteinander zu vergleichen. Die Ergebnisse (die im wesentlichen auf BRAUER zurückgehen [1], [2], [3]) lassen sich besonders bequem ausdrücken, wenn man gewisse „GROTHENDIECK-Gruppen" einführt; das ist von SWAN ([12], [13]) erkannt worden, von dem gleichfalls zahlreiche Resultate stammen, die aber hier nicht betrachtet werden sollen; siehe auch GIORGIUTTI [7] und STROOKER [11].

Die Paragraphen 1 und 2 tragen vorbereitenden Charakter. § 3 enthält die Aussagen der Hauptsätze und ihre Anwendungen auf die ARTINschen Darstellungen. Den Beweisen dieser Sätze ist § 4 gewidmet; bis auf Kleinigkeiten folge ich hierin der Darstellung von SWAN [13] (abgesehen von dem Problemkreis des Satzes von FONG-SWAN). In einem Anhang wird gezeigt, wie die Übersetzung in die Sprache der modularen Charaktere zu vollziehen ist. Ein Nachtrag erinnert an einige Definitionen (GROTHENDIECK-Gruppen, projektive Moduln, . . .).

Der folgende Text stellt nur eine Einführung dar. Ein Leser, der weitergehen will (Blöcke — ihre Defekte, ihre zugeordneten Gruppen — Ausnahmecharaktere) kann CURTIS-REINER [5] sowie die Originalarbeiten von BRAUER, FEIT, GREEN, OSIMA, SUZUKI, THOMPSON, . . . heranziehen.

§ 1. Die Gruppen $R_K(G)$, $R_k(G)$ und $P_k(G)$

1.1. Bezeichnungen und Vereinbarungen

Alle betrachteten Gruppen werden als *endlich* vorausgesetzt. Alle Moduln sollen *endlich-erzeugbar* sein.

K bezeichne einen Körper, der bezüglich einer diskreten Bewertung v mit dem Bewertungsring A perfekt ist; $k = A/\mathfrak{m}$ sei der zugehörige Restklassenkörper. K möge die Charakteristik Null und k die Charakteristik p haben (die Theorie wird trivial, wenn k die Charakteristik Null besitzt).

Es sei G eine endliche Gruppe und m das k. g. V. der Ordnungen ihrer Elemente. Wir werden sagen, K (bzw. k) sei *hinreichend groß* (gegenüber G), wenn es die m-ten Einheitswurzeln enthält.

1.2. Die Ringe $R_K(G)$ und $R_k(G)$

Wenn L ein Körper ist, wollen wir mit $R_L(G)$ die Grothendieck-Gruppe der Kategorie der $L[G]$-Moduln bezeichnen; in der Tat ist das äußere Tensorprodukt (d. h. das über L) ein kommutativer Ring mit Einselement (es handelt sich sogar um einen „λ-Ring" im Sinne von Grothendieck).

Wenn E ein $L[G]$-Modul ist, wollen wir mit $[E]$ sein Bild in $R_L(G)$ bezeichnen; die Menge der $[E]$ werde mit $R_L^+(G)$ bezeichnet.

S_L sei die Menge der Typen einfacher $L[G]$-Moduln. Dann bilden die Klassen $[E]$ mit $E \in S_L$ eine Basis der additiven Gruppe $R_L(G)$; die Elemente von $R_L^+(G)$ sind einfach die Linearkombinationen der $[E]$, $E \in S_L$, mit ganzzahligen Koeffizienten $\geqq 0$.

Das gilt insbesondere für die Körper K und k.

Bemerkung. In gleicher Weise kann man die Grothendieck-Gruppe $R_A(G)$ der Kategorie der $A[G]$-Moduln definieren. Wir werden sie im folgenden nicht benötigen; nach einem Satz von Swan ([1], Satz 3) läßt sich diese Gruppe mit $R_K(G)$ identifizieren.

1.3. Die Gruppen $P_k(G)$ und $P_A(G)$

Sie sind wie die Grothendieck-Gruppen der Kategorie der *projektiven* $k[G]$-Moduln (bzw. $A[G]$-Moduln) definiert. Die Definitionen für $P_k^+(G)$ und $P_A^+(G)$ sind evident.

Wenn E (bzw. F) ein $k[G]$-Modul (bzw. ein projektiver $k[G]$-Modul) ist, so ist $E \otimes_k F$ ein projektiver $k[G]$-Modul (das braucht nur für den Fall verifiziert zu werden, daß F frei ist; dieser Fall ist aber einfach). Hieraus schließt man auf eine $R_k(G)$-*Modul*struktur über $P_k(G)$.

1.4. Struktur von $P_k(G)$

Auf Grund der Tatsache, daß der Ring $k[G]$ *artinsch* ist, kann man von der *projektiven Hülle* eines $k[G]$-Moduls M sprechen. Das ist ein projektiver $k[G]$-Modul P zusammen mit einem surjektiven Homomorphismus f: $P \to M$, der folgende Eigenschaft aufweist: Jeder Untermodul P' von P mit $f(P') = M$ ist gleich P. Man kann beweisen (vgl. GIORGIUTTI [1] oder GABRIEL [6]), daß (P, f) durch diese Eigenschaft bis auf Isomorphie charakterisiert werden. Ist umgekehrt P ein projektiver Modul und E sein größter halbeinfacher Faktormodul (d. h. der Faktormodul von P nach seinem Radikal im Sinne von BOURBAKI, Alg. VIII, § 6), so ist P projektive Hülle von E. Jede Zerlegung von E in ein Produkt einfacher Moduln liefert eine entsprechende Zerlegung von P. Hieraus kann man schließen, daß jeder *unzerlegbare* projektive Modul zur projektiven Hülle P_E eines einfachen Moduls $E \in S_k$ isomorph und daß jeder projektive Modul *Produkt unzerlegbarer projektiver Moduln* ist (und zwar ist diese Zerlegung bis auf einen Automorphismus eindeutig bestimmt). Hieraus folgt insbesondere, daß $P_k(G)$ die Familie der $[P_E]$ mit $E \in S_k$ als *Basis* besitzt; ferner sind zwei projektive Moduln P und P' dann und nur dann isomorph, wenn ihre Klassen $[P]$ und $[P']$ in $P_k^+(G)$ gleich sind (man beachte, daß diese letztere Eigenschaft in $R_k(G)$ nicht gilt: wenn zwei $k[G]$-Moduln dieselbe Klasse bestimmen, kann man einfach annehmen, daß ihre JORDAN-HÖLDERschen Faktoren bis auf die Reihenfolge gleich sind).

1.5. Struktur von $P_A(G)$

Wenn P ein projektiver $A[G]$-Modul ist, so ist die Reduktion $\overline{P} = P/\mathfrak{m}P$ von P ein projektiver $k[G]$-Modul. Das Lemma von Nakayama zeigt, daß zwei projektive Moduln P_1 und P_2 dann und nur dann isomorph sind, wenn es ihre Reduktionen $\overline{P}_1$ und $\overline{P}_2$ sind. Ferner läßt sich jeder projektive $k[G]$-Modul Q zu einem projektiven $A[G]$-Modul „liften", d. h., er ist zu $\overline{P}$ mit einem geeignet gewählten P isomorph. Dies läßt sich erkennen, indem man entweder Idempotente liftet (was möglich ist, weil A henselsch ist) oder indem man Schritt für Schritt vorgeht und $P/\mathfrak{m}^n P$ als die projektive Hülle von Q in der Kategorie der $(A/\mathfrak{m}^n)[G]$-Moduln konstruiert.

Diese Eigenschaften haben zur Folge, daß der Reduktionshomomorphismus

$$P_a(G) \to P_k(G)$$

ein *Isomorphismus* ist. Wir werden hiervon oft Gebrauch machen, um diese beiden Gruppen miteinander zu identifizieren.

1.6. Dualität

a) Wenn E und F $K[G]$-Moduln sind, setzen wir:

$$\langle E, F\rangle = \dim \mathrm{Hom}^G(E, F) .$$

Die Abbildung $(E, F) \mapsto \langle E, F\rangle$ ist „bilinear“ (bezüglich exakter Sequenzen) und definiert also eine Bilinearform

$$R_K(G) \times R_K(G) \to \mathbf{Z} ,$$

die wir mit $\langle e, f\rangle$ oder $\langle e, f\rangle_K$ bezeichnen wollen. Die Klassen $[E]$ der einfachen Moduln $E \in S_K$ sind orthogonal zueinander, und $\langle E, E\rangle$ ist gleich der Dimension des Endomorphismenkörpers von E; es ist also dann und nur dann $\langle E, E\rangle = 1$, wenn E absolut – einfach ist.

Wir wollen K als hinreichend groß annehmen (vgl. 1.1). Nach einem Satz von Brauer (vgl. 4.2) ist jeder einfache $K[G]$-Modul absolut-einfach. Hieraus kann man schließen, daß die vorstehende Bilinearform in dem Sinne *nichtausgeartet* ist, daß sie einen Isomorphismus von $R_K(G)$ auf sein Dual definiert.

b) Wenn E ein projektiver $k[G]$-Modul und F ein beliebiger $k[G]$-Modul ist, setzen wir:

$$\langle E, F\rangle = \dim \mathrm{Hom}^G(E, F) .$$

Auch hier erhält man eine bilineare Funktion von E und F (auf Grund der Tatsache, daß E als projektiv vorausgesetzt ist) und damit eine Bilinearform

$$P_k(G) \times R_k(G) \to \mathbf{Z} ,$$

die mit $\langle e, f\rangle$ oder $\langle e, f\rangle_k$ bezeichnet werden möge. Wenn $E, E' \in S_k$ ist, gilt

$$\mathrm{Hom}^G(P_E, E') = \mathrm{Hom}^G(E, E') ,$$

wobei P_E die projektive Hülle von E bezeichnet. Ist $E \neq E'$, so schließt man, daß $[P_E]$ und $[E']$ orthogonal sind; für $E = E'$ ergibt sich $\langle P_E, E\rangle = d_E = \dim \mathrm{End}^G(K)$. Auch hier ist dann und nur dann $d_E = 1$, wenn E absolut einfach ist.

Wir wollen k als hinreichend groß annehmen. Dann sieht man leicht, daß $d_E = 1$ für alle $E \in S_k$ ist. Hieraus kann man schließen, daß die Bilinearform $\langle\ ,\ \rangle_k$ *nichtausgeartet* ist und daß die Basen $[P_E]$ und $[E]$ (mit $E \in S_k$) bezüglich dieser Form *dual* zueinander sind.

1.7. Erweiterung des Skalarenbereichs

Wenn K' eine Erweiterung von K ist, so definiert jeder $K[G]$-Modul E durch Erweiterung des Skalarenbereichs einen $K'[G]$-Modul $E \otimes_K K'$. Auf diese Weise erhält man einen Homomorphismus $R_K(G) \to R_{K'}(G)$. Dieser Homomorphismus ist *injektiv*. Das kann man erkennen, indem man das Bild der kanonischen Basis $\{[E]\}$ $(E \in S_K)$ von $R_K(G)$ bestimmt: wenn D_E der Körper der Endomorphismen von E ist, so zerfällt das Tensorprodukt $D_E \otimes K'$ in ein Produkt von Matrizenringen $M_{s_i}(D_i)$, wo die D_i Körper sind. Jeder der D_i entspricht einem einfachen $K'[G]$-Modul E'_i, und das Bild von $[E]$ in $R_{K'}(G)$ ist gleich $\sum s_i[E'_i]$.

Ferner ist jeder einfache $K'[G]$-Modul zu einem und nur einem der E'_i isomorph. Aus dieser Beschreibung von $R_K(G) \to R_{K'}(G)$, die (bis auf die Sprechweise) auf Schur [8] zurückgeht, kann man insbesondere folgendes entnehmen:

Wenn alle D_E *kommutativ* sind, so sind die s_i gleich 1, und durch den Homomorphismus $R_K(G) \to R_{K'}(G)$ wird die erste Gruppe mit einem direkten Faktor der zweiten identifiziert; wir werden dann sagen, daß es sich um eine *direkte Injektion* handelt. Wenn alle $E \in S_K$ absolut-einfach sind, so ist $R_K(G) \to R_{K'}(G)$ ein Isomorphismus.

Analoge Resultate gelten für die Homomorphismen

$$R_k(G) \to R_{k'}(G)\,, \qquad P_k(G) \to P_{k'}(G)\,,$$

die durch Erweiterung des Skalarenbereichs von k auf k' definiert sind. Die Lage ist hierbei sogar noch einfacher: die Endomorphismenkörper einfacher $k[G]$-Moduln sind stets *kommutativ* und *separabel* über k (das ist evident, wenn k endlich ist; der allgemeine Fall folgt hieraus durch Erweiterung des Skalarenbereichs). Hieraus kann man schließen, daß $R_k(G) \to R_{k'}(G)$ eine *direkte Injektion* ist. Dasselbe gilt für $P_k(G) \to P_{k'}(G)$: man braucht hierzu nur zu bemerken, daß der Funktor „Erweiterung des Skalarenbereichs" eine projektive Hülle in eine projektive Hülle transformiert.

Wir wollen jetzt annehmen, daß K' eine *endliche* Erweiterung von K ist. A' sei der ganze Abschluß von A in K' und k' sein Restklassenkörper. Wenn E ein projektiver $A[G]$-Modul ist, so ist $E' = E \otimes_A A'$ ein projektiver $A'[G]$-Modul, und ferner ist die Reduktion $E' \otimes_{A'} k'$ von E'

zu $E \otimes_A k' = (E \otimes_A k) \otimes_k k'$ isomorph. Das Diagramm

$$\begin{array}{ccc} P_A(G) & \to & P_{A'}(G) \\ \downarrow & & \downarrow \\ P_k(G) & \to & P_{k'}(G) \end{array}$$

ist also kommutativ. Da die beiden vertikalen Pfeile Isomorphismen sind, folgt hieraus, was wir schon oben gesagt haben, daß der Homomorphismus $P_A(G) \to P_{A'}(G)$ eine *direkte Injektion* ist.

Bemerkung.

Die Injektionen $R_K(G) \to R_{K'}(G)$, $R_k(G) \to R_{k'}(G)$ usw. sind mit den Bilinearformen der vorigen Nummer verträglich. Ferner *kommutieren* sie mit den in § 2 definierten Homomorphismen c, d, e.

§ 2. Das Dreieck *cde*

Wir wollen gewisse Homomorphismen c, d und e definieren, die ein kommutatives Dreieck bilden:

$$\begin{array}{ccc} P_k(G) & \xrightarrow{c} & R_k(G) \\ & e\searrow \quad \nearrow d & \\ & R_K(G) & \end{array}$$

2.1. *Definition von c: $P_k(G) \to R_k(G)$*

Wir ordnen jedem projektiven $k[G]$-Modul P die Klasse von P *in der Gruppe* $R_k(G)$ zu, diese Klasse hängt additiv von P ab. Hieraus entspringt ein Homomorphismus

$$c: P_k(G) \to R_k(G),$$

der CARTAN*scher Homomorphismus* heißt. Drückt man c mittels der kanonischen Basen $[P_S]$ und $[S]$ $(S \in S_k)$ von $P_k(G)$ und $R_k(G)$ aus, so erhält man eine quadratische Matrix C vom Typ $S_k \times S_k$, die CARTAN*sche Matrix* von G (bezüglich k) heißt. Das Element C_{ST} von C an der Stelle (S, T) ist die Anzahl der Male, die der einfache Modul T in eine Folge von Faktoren einer Kompositionsreihe der projektiven Hülle P_S von S eingeht.

2.2. *Definition von d: $R_K(G) \to R_k(G)$*

Es sei E ein $K[G]$-Modul. Wir wählen ein Gitter (réseau) E_1 von E (d. h. einen A-Untermodul endlichen Typs von E, der E erzeugt); indem wir nötigenfalls E_1 durch die Summe seiner Transformierten durch die Elemente von G ersetzen, können wir annehmen, daß E_1 gegenüber Transformation durch G *invariant* ist. Die Reduktion $\overline{E}_1 = E_1/\mathfrak{m}\, E_1$ von E_1 ist dann ein $k[G]$-Modul. Seine Klasse $[\overline{E}_1]$ in $R_k(G)$ *hängt von der Wahl von* E_1 *nicht ab.* Ist nämlich E_2 ein anderes gegenüber G stabiles Gitter von E, so kann man auf Grund eines leichten Abstiegsarguments annehmen, daß $\mathfrak{m}\, E_1 \subset E_2 \subset E_1$ ist. Es sei $T = E_1/E_2$; das ist ein $k[G]$-Modul. Dann bekommt man eine exakte Sequenz:

$$0 \to T \to \overline{E}_2 \to \overline{E}_1 \to T \to 0\,,$$

wobei der Homomorphismus $T \to \overline{E}_2$ durch Multiplikation mit einer Uniformisierenden π von A induziert wird. Hieraus folgt, indem man zu $R_k(G)$ übergeht,

$$[T] - [\overline{E}_2] + [\overline{E}_1] - [T] = 0\,,$$

d. h. $[\overline{E}_1] = [\overline{E}_2]$, was die behauptete Unabhängigkeitseigenschaft beweist.

Nachdem diese Eigenschaft einmal bewiesen ist, ist klar, daß sich die Abbildung $E \to [\overline{E}_1]$ zu einem Homomorphismus

$$d\colon R_K(G) \to R_k(G)$$

fortsetzen läßt, der *Zerlegungshomomorphismus* heißt. Die entsprechende Matrix D (bezüglich der kanonischen Basen von $R_K(G)$ und $R_k(G)$) heißt die *Zerlegungsmatrix.* Sie gibt an, was die Jordan-Hölderschen Faktoren der Reduktion eines einfachen $K[G]$-Moduls sind.

2.3. *Definition von s: $P_k(G) \to R_K(G)$*

Der Funktor „Tensorprodukt mit K“ definiert einen Homomorphismus von $P_A(G)$ in $R_K(G)$. Indem man ihn mit dem Inversen des kanonischen Isomorphismus $P_A(G) \to P_k(G)$ (vgl. 1.5) zusammensetzt, erhält man einen Homomorphismus

$$e\colon P_k(G) \to R_K(G)\,.$$

Seine Matrix soll mit E bezeichnet werden (in der Hoffnung, daß hierdurch nicht zu viel Verwirrung angerichtet wird . . .).

2.4. *Erste Eigenschaften des Dreiecks cde*

a) Es ist *kommutativ*, d. h. $c = d \circ e$ oder auch $C = D \cdot E$. Das ist unmittelbar klar.

b) Die Homomorphismen d und e sind zueinander *adjungiert* bezüglich der Bilinearformen von 1.6. Mit anderen Worten:

$$\langle x, d(y)\rangle_k = \langle e(x), y\rangle_K\,, \qquad \text{wenn} \quad x \in P_k(G)\,, \quad y \in R_K(G)\,.$$

Beweis. Man kann annehmen, daß $x = [\overline{X}]$ ist, wo X ein projektiver $A[G]$-Modul ist, und daß $y = [Y \otimes K]$ ist, wo Y ein freier $A[G]$-Modul über A ist. Dann ist der A-Modul $\mathrm{Hom}^G(X, Y)$ frei über A; r sei sein Rang. Dann bestehen kanonische Isomorphismen:

$$\mathrm{Hom}^G(X, Y) \otimes K = \mathrm{Hom}^G(X \otimes K, Y \otimes K)$$

und

$$\mathrm{Hom}^G(X, Y) \otimes k = \mathrm{Hom}^G(X \otimes k, Y \otimes k)\,.$$

Hieraus schließt man $\langle e(x), y\rangle = r = \langle x, d(y)\rangle$, q. e. d.

c) Angenommen, K sei *hinreichend groß*. In 1.6 haben wir gesehen, daß die kanonischen Basen von $P_k(G)$ (bzw. $R_K(G)$) und von $R_k(G)$ (bzw. von $R_K(G)$) bezüglich der Bilinearform $\langle a, b\rangle_k$ (bzw. der Form $\langle a, b\rangle_K$) *dual* zueinander sind. Hieraus folgt, daß *e mit dem Transponierten von d identifiziert* werden kann; es ist $E = {}^tD$. Da $C = D \cdot E = D \cdot {}^tD$ ist, erkennt man, daß C eine *symmetrische Matrix* ist.

2.5. *Ein trivialer Fall*

Trivial ist der Fall, daß *die Ordnung von G zu p prim ist.* In diesem Fall sind *c, d, e Isomorphismen.* Genauer: Die Restklassenabbildung definiert eine bijektive Abbildung von S_K auf S_k; identifiziert man diese beiden Mengen, so werden die Matrizen *C, D, E Einheitsmatrizen.*

Diese Tatsachen lassen sich leicht verifizieren, wenn man von folgendem Resultat ausgeht (das sich beispielsweise dadurch beweisen läßt, daß man die Operation der *Mittelbildung* auf G heranzieht): Jeder $k[G]$-Modul (bzw. jeder freie $A[G]$-Modul über A) ist *projektiv.*

2.6. *Der Fall der p-Gruppen*

Wir wollen annehmen, daß die Ordnung von G gleich einer Potenz p^n von p ist. In diesem Fall läßt sich leicht zeigen, daß $k[G]$ ein Stellenring mit dem Restklassenkörper k ist. Hieraus folgt, daß der (bis auf Isomorphie) einzige einfache $k[G]$-Modul k selbst ist, auf dem G trivial operiert; seine projektive Hülle ist $k[G]$, die reguläre Darstellung von G. Die Gruppen $R_k(G)$ und $P_k(G)$ fallen beide mit $\mathbf{Z}$ zusammen; der CARTANsche Homomorphismus

$$c: \mathbf{Z} \to \mathbf{Z}$$

ist die *Multiplikation mit* p^n. Der Homomorphismus d: $R_K(G) \to \mathbf{Z}$ entspricht der K-Dimension; der Homomorphismus e: $\mathbf{Z} \to R_K(G)$ bildet die kanonische Erzeugende von $\mathbf{Z}$ auf die Klasse der regulären Darstellung von G ab.

§ 3. Sätze

3.1. Eigenschaften des Dreiecks cde

Satz 1.

(1) *Der Homomorphismus c ist injektiv; sein Kokern hat eine Potenz von p als Ordnung.*

(2) *Der Homomorphismus e ist eine direkte Injektion.*

(3) *Der Kokern von d ist endlich und hat eine Potenz von p als Ordnung.*

(4) *Wenn K hinreichend groß ist, so ist d surjektiv.*

Die Aussagen (1) und (4) werden in 4.3 als Folgerung aus dem Satz von BRAUER über die induzierten Charaktere bewiesen werden. Die Aussage (3) folgt aus (1) und aus der Tatsache, daß $c = d \circ e$ ist. Wenn K hinreichend groß ist, fällt e mit dem Transponierten von d zusammen (vgl. 2.4), und die Tatsache, daß d surjektiv ist, zieht nach sich, daß e eine direkte Injektion ist. Im allgemeinen Fall sei K' eine hinreichend große Erweiterung von K und k' ihr Restklassenkörper. Wir betrachten das Diagramm:

$$\begin{array}{ccc} P_k(G) & \xrightarrow{e} & R_K(G) \\ \downarrow & & \downarrow \\ P_{k'}(G) & \xrightarrow{e'} & R_{K'}(G) \,. \end{array}$$

Nach dem, was wir eben gesehen haben, ist e' eine direkte Injektion. Im Hinblick auf 1.7 verhält es sich mit $P_k(G) \to P_{k'}(G)$ ebenso. Ihre Zusammensetzung ist also gleichfalls eine direkte Injektion; hieraus folgt dasselbe Ergebnis für e.

Gleichzeitig haben wir bewiesen:

Korollar 1. *Für jede endliche Erweiterung K' von K ist der Homomorphismus*

$$P_k(G) \to R_K(G) \to R_{K'}(G)$$

eine direkte Injektion.

Die Tatsache, daß c injektiv ist, ist gleichbedeutend mit:

Korollar 2. *Wenn zwei projektive Moduln über $k[G]$ dieselben* JORDAN-HÖLDER*schen Faktoren besitzen, sind sie isomorph.*

Ebenso ist die Tatsache, daß e injektiv ist, äquivalent zu:

Korollar 3. *Wenn zwei projektive Moduln über $A[G]$ isomorphe $K[G]$-Moduln (durch das Tensorprodukt mit K) definieren, sind sie isomorph.*

Bemerkungen.

1. Daß c injektiv ist, kann man daraus schließen, daß es e ist (also auch aus (4)). In der Tat gilt für $x \in P_k(G)$:

$$\langle x, c(x)\rangle = \langle x, d(e(x))\rangle = \langle e(x), e(x)\rangle .$$

Ist also $c(x) = 0$, so gilt $\langle e(x), e(x)\rangle = 0$; da die Form $\langle a, b\rangle_K$ positiv und nicht ausgeartet ist, zieht dies $e(x) = 0$ und damit $x = 0$ nach sich.

2. Auf gleiche Weise kann man aus der Positivität der quadratischen Form $\langle x, c(x)\rangle$ die folgenden Ergebnisse herleiten:

a) Die Determinante der CARTANschen Matrix C ist eine Potenz von p.

b) Wenn K hinreichend groß ist, ist C positiv definit.

3. C. CHEVALLEY hat mich darauf hingewiesen, daß man die Aussagen (3) und (4) von Satz 1 verschärfen kann: der Zerlegungshomomorphismus d ist für jedes K *surjektiv*. Der Beweis benutzt die in 12.4 von Teil I genannte Variante des Satzes von BRAUER; wir werden ihn in 4.6 geben.

3.2. Charakterisierung des Bildes von e

Wir erinnern zunächst daran, daß ein Element s von G *p-regulär* heißt, wenn seine Ordnung zu p prim ist; anderenfalls heißt es *p-singulär*. Wenn seine Ordnung eine Potenz von p ist, heißt es *p-unipotent*. Jedes $x \in G$ läßt sich in eindeutiger Weise in der Form

$$x = s \cdot u$$

mit p-regulärem s, p-unipotentem u und $s \cdot u = u \cdot s$ schreiben. Die Elemente s und u heißen p-reguläre und p-unipotente Komponente von x; das sind Potenzen von x.

Ordnet man andererseits jedem $K[G]$-Modul seinen *Charakter* zu, so erhält man eine *additive Modulfunktion.* Hieraus folgt durch lineare Fortsetzung eine Abbildung

$$K \otimes R_K(G) \to C(G, K);$$

wo $C(G, K)$ die Algebra der zentralen Funktionen auf G mit Werten in K bezeichnet. Es ist wohlbekannt, daß diese Abbildung eine *Injektion* ist; wenn K hinreichend groß ist, handelt es sich dabei um einen *Isomorphismus.*

Satz 2. *Das Bild von $e: P_k(G) \to R_K(G)$ wird von den Elementen von $R_K(G)$ gebildet, deren Charakter auf den p-singulären Elementen von G Null ist.*

Ebenso bekommt man ein etwas genaueres Resultat:

Satz 2′: *K' sei eine endliche Erweiterung von K. Notwendig und hinreichend dafür, daß ein Element von $R_{K'}(G)$ dem Bild von $P_A(G) = P_k(G)$ angehört, ist, daß sein Charakter seine Werte in K hat und auf den p-singulären Elementen von G Null ist.*

Für den Beweis siehe 4.4.

3.3. Charakterisierung der projektiven $A[G]$-Moduln durch ihren Charakter

Es geht darum, das Bild von $P_k^+(G) = P_A^+(G)$ durch e zu charakterisieren. Hierzu liegen nur Teilergebnisse vor. Zunächst ist hier ein triviales, aber nützliches Ergebnis:

Aussage 1. *Es sei $x \in P_A(G)$. Wenn eine ganze Zahl $n \geqq 1$ mit $n x \in P_A^+(G)$ existiert, so ist $x \in P_A^+(G)$.*

Das ist klar: Wenn $r = \text{Card}\,(S_k)$ ist, fällt $P_A(G)$ mit $\mathbf{Z}^r$ und $P_A^+(G)$ mit $\mathbf{N}^r$ zusammen, vgl. 1.4 und 1.5.

Korollar. *Es sei K' eine endliche Erweiterung von K und A' der Ring der ganzen Elemente von K'. Es sei $x \in R_{K'}(G)$. Wir machen die folgenden beiden Annahmen:*

a) *Die Werte des Charakters von x liegen in K.*

b) *Es gibt eine ganze Zahl $n \geqq 1$ mit der Eigenschaft, daß $n x$ durch Erweiterung des Skalarenbereichs aus einem projektiven $A'[G]$-Modul hervorgeht.*

Dann rührt x von einem projektiven $A[G]$-Modul her, der bis auf Isomorphie bestimmt ist.

Es sei $N = [K':K] = [A':A]$. E' sei ein projektiver $A'[G]$-Modul, der das Bild $n\,x$ in $R_{K'}(G)$ besitzt, und E der $A[G]$-Modul, den man aus E' durch Einschränkung des Skalarenbereichs auf $A[G]$ erhält. Man verifiziert sogleich, daß der Charakter von $E \otimes K$ gleich dem $n\,N$-fachen desjenigen von x ist; die Klasse y von E in $P_A(G)$ hat also $n\,N \cdot x$ als Bild in $R_{K'}(G)$. Nach Satz 2 ist der Charakter von y auf den p-singulären Elementen von G Null; ebenso erhält es sich also mit demjenigen von x. Nach Satz 2′ ist $x \in P_A(G)$; da wir eben gesehen haben, daß $N\,n \cdot x \in P_A^+(G)$ ist, zeigt Aussage 1, daß $x \in P_A^+(G)$ ist, q. e. d.

Bemerkung. Man hätte die Formeln

$$P_A^+(G) = P_{A'}^+(G) \cap P_A(G) = P_{A'}^+(G) \cap R_K(G)$$

benutzen können.

Man kann sich fragen, ob $P_A^+(G) = P_A(G) \cap R_K^+(G)$ gilt. Das ist im allgemeinen nicht der Fall (man nehme für G die alternierende Gruppe $\mathfrak{A}_5$ oder die Gruppe $SL(2, \boldsymbol{F}_p)$). Es gilt jedoch das folgende Kriterium:

Aussage 2. *Die Gruppe G möge der folgenden Bedingung genügen:*

(*) *Wenn K ein hinreichend großer lokaler Körper ist, so ist $d(R_K^+(G)) = R_k^+(G)$. Dann ist $P_A^+(G) = P_A(G) \cap R_K^+(G)$.*

Unter Benutzung des obigen Korollars sieht man, daß man nur die Formel $P_A^+(G) = P_A(G) \cap R_K^+(G)$ zu beweisen braucht, wenn K hinreichend groß ist. Es sei dann $x \in P_A(G) \cap R_K^+(G)$; da $x \in P_A(G)$ ist, kann man x in der Form

$$x = \sum_{E \in S_k} n_E\, e([P_E])$$

schreiben, vgl. 1.4. Es geht darum zu zeigen, daß die ganzen Zahlen n_E *positiv* sind. Im Hinblick auf die Bedingung (*) gibt es zu jedem $E \in S_k$ ein Element z_E von $R_K^+(G)$ mit $d(z_E) = [E]$. Da $x \in R_K^+(G)$ ist, gilt $\langle x, z_E\rangle \geqq 0$. Andererseits zeigt aber die Tatsache, daß d und e adjungiert sind, daß $\langle x, z_E\rangle = n_E$ gilt. Hieraus folgt $n_E \geqq 0$ für alle $E \in S_k$, q. e. d.

Bemerkung. Die Bedingung (*) ist äquivalent zu:

(**) *Wenn K hinreichend groß ist, so ist jeder einfache $k[G]$-Modul die Reduktion eines freien $A[G]$-Moduls über A.*

(Mit anderen Worten, jeder einfache $k[G]$-Modul läßt sich liften.)

Satz 3 (Fong-Swan). *Angenommen, G sei p-auflösbar, d. h., G besitze eine Kompositionsreihe, deren Faktoren entweder p-Gruppen oder Gruppen* *mit zu p primer Ordnung sind. Dann genügt G den oben ausgesprochenen Bedingungen* (*) *und* (**).

Für den Beweis siehe 4.5.

3.4. *Anwendung auf die* ARTIN*schen Darstellungen*

E sei ein bezüglich einer diskreten Bewertung perfekter Körper und F/E eine endliche galoissche Erweiterung von E mit der Galoisschen Gruppe G; außerdem mögen F und E *denselben Restklassenkörper* besitzen. Wenn $s \in G$ ein Element $\neq 1$ und π eine Uniformisierende von F ist, wollen wir

$$i_G(s) = v_F(s(\pi) - \pi)$$

setzen, wo v_F die Bewertung von F bezeichnet.

Wir setzen

$$a_G(s) = -\, i_G(s)\,, \qquad \text{wenn } s \neq 1\,,$$
$$a_G(1) = \sum_{s \neq 1} i_G(s)\,.$$

Bekanntlich (vgl. z. B. [10], Kap. VI) ist a_G der Charakter einer Darstellung von G (über einem hinreichend großen Körper), die ARTIN*sche Darstellung* von G heißt.

Setzt man ferner

$$s\, w_G(s) = 1 - i_G(s) \quad \text{für} \quad s \neq 1\,,$$
$$s\, w_G(1) = \sum_{s \neq 1} \big(i_G(s) - 1\big)\,,$$

so gelangt man zu einem Charakter von G, der gleich $a_G - u_G$ ist, wo u_G den Charakter der *Erweiterungs*darstellung von G (reguläre Darstellung — Einsdarstellung) bezeichnet. Die entsprechende Darstellung von G wird von GROTHENDIECK die SWAN*sche Darstellung* von G genannt. Sie ist dann und nur dann gleich 0, wenn F/E *zahm verzweigt* ist oder, was auf dasselbe hinausläuft, *wenn die Ordnung von G zur Restklassenkörpercharakteristik prim ist.*

Satz 4. *Es sei l eine von der Restklassenkörpercharakteristik von E verschiedene Primzahl. Dann gilt:*

(1) *Es gibt einen $\mathbf{Q}_l[G]$-Modul mit dem Charakter a_G.*

(2) *Es gibt einen projektiven $\mathbf{Z}_l[G]$-Modul $S\, w_G$, so daß $S\, w_G \otimes \mathbf{Q}_l$ den Charakter $s\, w_G = a_G - u_G$ besitzt.*

Diese Moduln sind bis auf Isomorphie eindeutig bestimmt.

Es genügt, (2) zu beweisen; (1) folgt hieraus, indem man zu $S\,w_G \otimes \boldsymbol{Q}_l$ die Erweiterungsdarstellung von G hinzufügt.

Hierzu wollen wir das Korollar zur Aussage 1 anwenden, indem wir für K den Körper $\boldsymbol{Q}_l$, für K' eine hinreichend große endliche Erweiterung von K und für n die Ordnung g von G nehmen. Bekanntlich existiert ein Element $x \in R_{K'}(G)$ mit dem Charakter $s\,w_G$. Die Bedingung (a) des Korollars ist offensichtlich erfüllt. Um (b) zu beweisen, führen wir die *Verzweigungsgruppen* G_i von G ein; es sei $g_i = \mathrm{Card}\,(G_i)$. Nach [10], S. 108, gilt

$$g \cdot a_G = \sum_{i \geqq 0} g_i \cdot u_i^* ,$$

wo u_i den Charakter der Erweiterungsdarstellung von G_i und u_i^* den durch u_i *induzierten* Charakter von G bezeichnet. Man bekommt also

$$g \cdot s\,w_G = \sum_{i \geqq 1} g_i \cdot u_i^* .$$

Aus der Theorie der Verzweigung geht aber hervor, daß die G_i mit $i \geqq 1$ zu l *prime Ordnung* besitzen. Hieraus folgt, daß jeder freie $A'[G_i]$-Modul über A' *projektiv* ist (vgl. 2.5); man kann also u_i durch einen projektiven $A'[G_i]$-Modul (und sogar einen projektiven $\boldsymbol{Z}_l[G_i]$-Modul, wenn man will) realisieren; der entsprechende induzierte $A'[G]$-Modul ist dann gleichfalls projektiv. Bildet man die direkte Summe dieser Moduln (jeder g_i-mal wiederholt), so erhält man einen projektiven $A'[G]$-Modul mit dem Charakter $g \cdot s\,w_G$. Es sind also alle Bedingungen des Korollars erfüllt, q. e. d.

Bemerkungen. Teil (1) des Satzes ist in [9] mittels einer merklich komplizierteren Methode bewiesen, die aber ein stärkeres Ergebnis zeitigt: die Algebra $\boldsymbol{Q}_l[G]$ ist Produkt von Matrizenalgebren über *kommutativen Körpern.*

Ebenso könnte man (2) aus (1) zusammen mit dem Satz von Fong-Swan herleiten; das würde weniger einfach sein.

§ 4. Beweise

4.1. Relationen für die Untergruppen

H sei eine Untergruppe der Gruppe G. Durch Einschränkung des Skalarenbereichs definiert jeder $A[G]$-Modul (bzw. $K[G]$- bzw. $k[G]$-Modul) einen $A[H]$-Modul (bzw. usw.), der projektiv ist, wenn es der gegebene

Modul ist. Hieraus ergeben sich durch Übergang zu den GROTHENDIECK-Gruppen *Einschränkungshomomorphismen*

$$\text{Res}: R_K(G) \to R_K(H)\,,$$

$$\text{Res}: R_k(G) \to R_k(H)\,,$$

$$\text{Res}: P_k(G) \to P_k(H)\,.$$

Ist andererseits E ein $k[H]$-Modul, so wird durch das Tensorprodukt der *induzierte* $k[G]$-Modul $\text{Ind}\, E = k[G] \otimes E$ definiert (das Tensorproduk- über $k[H]$ genommen). Hieraus entspringt ein Homomorphismus

$$\text{Ind}: R_k(H) \to R_k(G)\,,$$

und ebenso für R_K und P_k.

Die Homomorphismen Res und Ind *kommutieren* mit den Homomorphismen c, d, e von § 2.

4.2. *Der Satz von* BRAUER

Eine Gruppe H heißt *p-elementar*, wenn sie Produkt einer p-Gruppe und einer zyklischen Gruppe mit zu p primer Ordnung ist; H heißt *elementar*, wenn es für wenigstens eine Primzahl p p-elementar ist.

Satz 5 (BRAUER). *Wenn K hinreichend groß ist, so ist jedes Element x von $R_K(G)$ Summe von Elementen der Form* $\text{Ind}\,(x_H)$, *wobei H elementare Untergruppe von G und $x_H \in R_K(H)$ ist.*

Für den Beweis siehe BRAUER-TATE [4] (dieser Beweis ist hier in Teil I, § 10, in CURTIS-REINER [5], Kap. VI, in der „Algebra“ von LANG usw. wiedergegeben).

Korollar 1. *Wenn K hinreichend groß ist, so ist jeder einfache $K[G]$-Modul absolut-einfach.*

Das ist gleichbedeutend damit, daß die kanonische Injektion $R_K(G) \to R_{K'}(G)$ für jede Erweiterung K' von K surjektiv ist. Im Hinblick auf den Satz braucht man nur den Fall zu betrachten, daß G elementar ist. In diesem Falle zeigt aber eine leichte Überlegung, daß jeder einfache $K'[G]$-Modul von einem eindimensionalen Modul einer Untergruppe von G *induziert* wird, und es ist unmittelbar klar, daß sich ein solcher Modul „über K schreiben“ läßt.

Korollar 2. *k sei ein hinreichend großer Körper mit der Charakteristik p. Dann ist jedes Element y von $R_k(G)$ (bzw. von $P_k(G)$) Summe* *von Elementen der Form* Ind (y_H) *mit einer elementaren Untergruppe* H *von* G *und* $y_H \in R_k(H)$ *(bzw.* $y_H \in P_k(H)$*).*

(Mit anderen Worten, der Satz von Brauer gilt im Falle der Charakteristik p.)

Wir wollen Satz 5 auf den Körper K_m, der über Q_p von den m-ten Einheitswurzeln erzeugt wird, und auf das Einselement von $R_{K_m}(G)$ anwenden. Es ergibt sich

$$1 = \sum \operatorname{Ind}(x_H) \qquad \text{mit} \quad x_H \in R_{K_m}(H)\,.$$

k_m sei der Restklassenkörper von K_m; er läßt sich bekanntlich dadurch gewinnen, daß man zu F_p die m-ten Einheitswurzeln adjungiert. Wendet man auf die vorstehende Gleichung den Zerlegungshomomorphismus d an, so erhält man

$$1 = \sum \operatorname{Ind}(x'_H) \qquad \text{mit} \quad x'_H = d(x_H) \in R_{K_m}(H)\,.$$

Nach Voraussetzung ist $k_m \subset k$; man kann also die x'_H als Elemente von $R_k(H)$ ansehen, wobei die obige Gleichheit noch gültig bleibt. Durch Multiplikation mit y erhält man aus ihr:

$$y = \sum \operatorname{Ind}(x'_H) \cdot y\,.$$

Allgemein gilt aber

$$\operatorname{Ind}(x) \cdot y = \operatorname{Ind}\big(x \cdot \operatorname{Res}(y)\big)\,,$$

wie man unter Benutzung der Assoziativität des Tensorprodukts erkennt. Hieraus folgt

$$y = \sum \operatorname{Ind}\big(x'_H \cdot \operatorname{Res}(y)\big)\,,$$

q. e. d.

Bemerkung. Die oben benutzte Überlegung besitzt einen viel weiteren Anwendungsbereich, vgl. Swan [12], §§ 3 und 4.

4.3. Beweis von Satz 1

a) Beweis von (4) für hinreichend großes K.

Es geht darum zu zeigen, daß $d\colon R_K(G) \to R_k(G)$ surjektiv ist. Nach dem Korollar 2 zu Satz 5 wird $R_k(G)$ von den Ind $\big(R_k(H)\big)$ mit elementarem H erzeugt. Da d und Ind miteinander kommutieren, braucht man also nur zu zeigen, daß $R_k(H) = d\big(R_K(H)\big)$ ist; *man hat also* mit anderen Worten *den Fall zu betrachten, daß* G *eine elementare Gruppe ist.* Dann kann man G in ein Produkt

$$G = S \times P$$

zerlegen, wo die Ordnung von S zu p prim und P eine p-Gruppe ist (ferner ist eine dieser beiden Gruppen zyklisch). Wie man leicht sieht, ist

$$R_k(G) = R_k(S) \otimes R_k(P);$$

es kommt also darauf hinaus zu zeigen, daß d für S und für P surjektiv ist. Diese beiden Fälle sind jedoch trivial: für S weiß man, daß d ein *Isomorphismus* ist (vgl. 2.5), und für P ist $R_k(P) = \mathbf{Z}$ und $d\colon R_K(P) \to \mathbf{Z}$ surjektiv, vgl. 2.6.

b) Beweis von (1) für hinreichend großes K.

Es geht darum zu zeigen, daß der CARTANsche Homomorphismus

$$c\colon P_k(G) \to R_k(G)$$

injektiv und daß sein Cokern eine p-Gruppe ist. In der Tat gilt, wenn p^n die größte Potenz von p ist, die die Ordnung von G teilt,

$$p^n \cdot R_k(G) \subset \operatorname{Im}(c)\,.$$

Man kann nämlich annehmen, daß G *elementar* (auf Grund von Kor. 2 zu Satz 5), also x wie oben in ein Produkt $S \times P$ zerlegbar ist. Dann ist $R_k(G) = R_k(S) \otimes R_k(P)$ und ebenso für P_k; man wird also darauf geführt, S und P getrennt zu behandeln. Im ersten Fall ist c ein Isomorphismus (vgl. 2.5), und im zweiten ist sein Bild gleich $p^n \cdot R_k(P) = p^n\,\mathbf{Z}$, vgl. 2.6.

c) Beweis von (1) im allgemeinen Fall.

Es sei k' eine hinreichend große endliche Erweiterung von k. Wir betrachten das folgende kommutative Diagramm, das zu der Erweiterung des Skalarenbereichs von k auf k' x gehört:

$$\begin{array}{ccc} P_k(G) & \xrightarrow{c} & R_k(G) \\ \downarrow & & \downarrow \\ P_{k'}(G) & \xrightarrow{c'} & R_{k'}(G)\,. \end{array}$$

Nach 1.7 sind die vertikalen Pfeile direkte Injektionen; ferner ist c', wie wir eben gesehen haben, injektiv; hieraus folgt sogleich, daß c injektiv ist, und damit, daß Coker (c) in Coker (c') eingebettet wird (benutzt wird hierbei die Tatsache, daß $P_k(G)$ und $R_k(G)$ denselben Rang haben). Da Coker (c') durch p^n annulliert wird, verhält es sich mit Coker (c) ebenso, q. e. d.

4.4. Beweis der Sätze 2 und 2'

Man braucht nur den Satz 2' zu beweisen. Ferner kann man annehmen, daß K' *hinreichend groß* ist.

I — Notwendigkeit

E sei ein projektiver $A'[G]$-Modul und χ der Charakter von $E \otimes K'$. Wenn $s \in G$ ein p-singuläres Element ist, *hat man zu zeigen*, daß $\chi(s) = 0$ ist. Indem man G nötigenfalls durch die von s erzeugte zyklische Untergruppe ersetzt, kann man voraussetzen, daß G *zyklisch* ist, also die Form $S \times P$ hat, wo S zu p prime Ordnung besitzt und wo P eine p-Gruppe ist; es ist $s \notin S$. Aus dem oben Gesagten folgt, daß E die Form $E_1 \otimes A'[P]$ hat, wo E_1 ein projektiver $A'[S]$-Modul ist. Der Charakter von $E \otimes K'$ ist also gleich $\psi \otimes r_P$, wo ψ ein Charakter von S und r_P der Charakter der regulären Darstellung von P ist. Ein solcher Charakter ist aber offensichtlich außerhalb von S Null, woraus $\chi(s) = 0$ folgt.

II — Hinlänglichkeit (erster Teil)

Es sei $y \in R_{K'}(G)$, χ der entsprechende Charakter, und es möge $\chi(s) = 0$ für jedes p-singuläre Element s von G gelten. Wir wollen zeigen, daß *y zu $P_{A'}(G)$ gehört* (diese Gruppe werde vermöge der Abbildung e mit einer Untergruppe von $R_{K'}(G)$ identifiziert).

Nach Satz 5 ist

$$1 = \sum \operatorname{Ind}(x_H) \qquad \text{mit} \quad x_H \in R_{K'}(G)\,,$$

wo H die Menge der elementaren Untergruppen von G durchläuft. Durch Multiplikation mit y erhält man

$$y = \sum \operatorname{Ind}(y_H) \qquad \text{mit} \quad y_H = x_H \cdot \operatorname{Res}_H(y) \in R_{K'}(H)\,.$$

Der Charakter von y_H ist auf den p-singulären Elementen von H Null. Wenn man weiß, daß y_H zu $P_{A'}(H)$ gehört, so folgt, daß y zu $P_{A'}(G)$ gehört; wir werden mit anderen Worten darauf geführt, unsere Behauptung für den Fall zu beweisen, *daß G elementar ist.*

Machen wir also diese Annahme und zerlegen G wie oben in $S \times P$! Dann ist $R_{K'}(G) = R_{K'}(S) \otimes R_{K'}(P)$. Auf Grund der Tatsache, daß χ außerhalb von S Null ist, kann man χ in der Form $f \otimes r_P$ schreiben, wo f eine zentrale Funktion auf S und r_P der Charakter der regulären Darstellung von P ist. Wenn ϱ ein Charakter von S ist, so gilt

$$\langle f \otimes r_P, \varrho \otimes 1 \rangle = \langle f, \varrho \rangle \langle r_P, 1 \rangle = \langle f, \varrho \rangle\,.$$

Da die linke Seite gleich $\langle \chi, \varrho \otimes 1 \rangle$ ist, ist dies eine ganze Zahl; es ist also für jedes ϱ $\langle f, \varrho \rangle \in \mathbf{Z}$, womit bewiesen ist, daß f ein Charakter von S ist. Man kann also y in der Form

$$y = y_S \otimes y_P$$

schreiben mit $y_S \in R_{K'}(S)$, wo y_P die Klasse der regulären Darstellung von P ist. Da $y_S \in P_{A'}(S)$ und $y_P \in P_{A'}(P)$ gilt, ist damit gerade $y \in P_{A'}(G)$.

III — Hinlänglichkeit (zweiter Teil)

Wir behalten die Bezeichnungen von II bei und wollen überdies annehmen, *die Werte* des Charakters χ von y liegen *in* K. Wir haben zu beweisen, daß y *zu* $P_A(G)$ *gehört*. Nach II ist jedenfalls bekannt, daß $y \in P_{A'}(G)$ gilt.

r sei der Grad der Erweiterung K'/K. Durch Einschränkung des Skalarenbereichs definiert jeder $A'[G]$-Modul einen $A[G]$-Modul, der projektiv ist, wenn es der erstere war. Hieraus leitet man einen Einschränkungshomomorphismus

$$\pi\colon P_{A'}(G) \to P_A(G) .$$

her. Wir setzen $z = \pi(y)$. *Dann ist* $z = r \cdot y$. In der Tat braucht man diese Gleichheit nur in $R_{K'}(G)$ zu beweisen, und hierzu reicht es aus zu zeigen, daß der zu z gehörige Charakter χ_z gleich $r \cdot \chi$ ist. Nun ist offensichtlich

$$\chi_z = Tr_{K'/K}(\chi) ,$$

und da die Werte von χ in K liegen, ergibt dies gerade $\chi_z = r \cdot \chi$. Es ist also $y \in P_{A'}(G)$ und $r \cdot y \in P_A(G)$. Nun stellt aber die Inklusion

$$P_A(G) \to P_{A'}(G)$$

eine *direkte* Injektion dar, vgl. 1.7. Da $r \cdot y$ in $P_{A'}(G)$ durch r teilbar ist, verhält es sich also in $P_A(G)$ ebenso, was $y \in P_A(G)$ bedeutet. Damit ist der Beweis erbracht.

4.5. *Beweis des Satzes von* FONG-SWAN

Wir wollen sagen, eine Gruppe G sei p-auflösbar von der Höhe h, wenn G sich durch sukzessive Erweiterung von h Gruppen ergibt, deren Ordnung entweder zu p prim oder eine Potenz von p ist. Wir wollen zeigen, daß jeder einfache $k[G]$-Modul für hinreichend großes K Reduktion eines freien $A[G]$-Moduls über A ist. Wir führen den Beweis durch Induktion nach h (der Fall $h = 0$ ist trivial) und für die Gruppen der Höhe h durch Induktion nach der Gruppen*ordnung*.

Es sei I ein *Normalteiler von* G, dessen Ordnung zu p prim oder eine Potenz von p ist, und G/I habe die Höhe $h - 1$. E sei ein einfacher (also absolut-einfacher) $k[G]$-Modul. Wenn I eine p-Gruppe ist, so ist der Unterraum E^I der gegenüber I invarianten Elemente von E ungleich 0, also gleich E; E ist also ein einfacher $k[G/I]$-Modul. Auf Grund der Induktionsannahme kann man ihn zu einem freien $A[G/I]$-Modul über A liften, woraus in diesem Falle die Behauptung folgt.

Nehmen wir also an, I habe eine *zu p prime Ordnung*. Wir zerlegen E in eine direkte Summe isotyper $k[I]$-Moduln (d. h. von Summen isomorpher einfacher Moduln):

$$E = \sum E_\alpha ,$$

wo E_α ein isotyper $k[I]$-Modul vom Typ $\bar{S}_\alpha$ ist.

Die Gruppe G permutiert die E_α; da E einfach ist, permutiert sie die von Null verschiedenen transitiv. Eine davon sei E_α und G_α sei die aus den $s \in G$ mit $s(E_\alpha) = E_\alpha$ gebildete Untergruppe. Dann ist E_α ein $k[G_\alpha]$-Modul, und es ist klar, daß E der entsprechende induzierte Modul ist. Ist $E_\alpha \neq E$, so gilt $G_\alpha \neq G$, und die Induktionsannahme, auf G_α angewendet, zeigt, daß E_α geliftet werden kann; ebenso verhält es sich dann also mit E.

Wir können also voraussetzen, daß *E ein isotyper $k[I]$-Modul vom Typ $\bar{S}$ ist*, wo $\bar{S}$ ein einfacher $k[I]$-Modul ist. Da I zu p prime Ordnung besitzt, kann man $\bar{S}$ auf im wesentlichen eindeutige Weise zu einem freien $A[I]$-Modul S über A liften, und es ist klar, daß $S \otimes K$ absolut einfach ist. Im Hinblick auf ein klassisches Resultat (vgl. z. B. [5], S. 236) folgt hieraus, daß $\dim S$ die Ordnung von I teilt; insbesondere ist $\dim S$ *zu p prim*.

Es sei jetzt $s \in G$, und i_s bezeichne den Automorphismus $x \to s\,x\,s^{-1}$ von I. Aus der Tatsache, daß E isotyp vom Typ $\bar{S}$ ist, folgt, daß $\bar{S}$ (also auch S) zu seinem Bild bei i_s isomorph ist. Das läßt sich folgendermaßen ausdrücken:

Es sei $\varrho\colon I \to \operatorname{Aut}(S)$ der Homomorphismus, der die I-Modulstruktur von S definiert, und U_s die Menge der $t \in \operatorname{Aut}(S)$ mit

$$t\,\varrho(x)\,t^{-1} = \varrho(s\,x\,s^{-1}) \qquad \text{für alle} \quad x \in I .$$

Dann ist $U_s \neq \emptyset$.

Es sei G_1 die aus den Paaren (s, t) mit $s \in G$, $t \in U_s$ bestehende Gruppe. Indem man (s, t) das Element s zuordnet, erhält man einen surjektiven Homomorphismus $G_1 \to G$; sein Kern ist U_1, das nichts anderes als die *multiplikative Gruppe* A^* von A ist. Die Gruppe G_1 ist also eine *zentrale Erweiterung* von G durch A^*; sie operiert auf S vermöge des Homomorphismus $(s, t) \mapsto t$.

Wir wollen jetzt G_1 durch eine *endliche* Gruppe ersetzen. Es sei $d = \dim S$. Wenn $s \in G$ ist, bilden die Elemente $\det(t)$ mit $t \in U_s$ eine Restklasse von A^* modulo A^{*d}. Indem man nötigenfalls K erweitert (was erlaubt ist, da hierbei $R_K(G)$ invariant bleibt), kann man annehmen, daß diese Klassen diejenigen des neutralen Elements sind, mit anderen Worten, daß jedes U_s ein Element *mit der Determinante* 1 enthält. Nunmehr sei C die aus den $\det\big(\varrho(x)\big)$ mit $x \in I$ gebildete Untergruppe von A^* und G_2 die Untergruppe von G_1, die aus den (s, t) mit $t \in U_s$ und $\det(t) \in C$ gebildet wird. Die Gruppe G_2 wird *auf* G abgebildet; der Kern N von $G_2 \to G$ ist zu der Untergruppe von A^* isomorph, die aus den a mit $a^d \in C$ besteht. Da d und $\operatorname{Card}(C)$ zu p prim sind, schließt man hieraus, daß *N eine zyklische Gruppe mit zu p primer Ordnung ist.*

Wir bezeichnen mit $\varrho_2\colon G_2 \to \operatorname{Aut}(S)$ die Darstellung $(s, t) \mapsto t$ von G_2. Identifiziert man I mittels $x \mapsto \big(x, \varrho(x)\big)$ mit einer Untergruppe von G_2, so sieht man, daß die Einschränkung von ϱ_2 auf I gleich ϱ ist. Man hat also ϱ zwar nicht auf G selbst, aber wenigstens auf eine *zentrale Erweiterung* von G *fortgesetzt* (man bekommt eine „projektive" Darstellung von G im Sinne von SCHUR). Man beachte, daß I Normalteiler von G_2 und daß $I \cap N = \{1\}$ ist.

Wir kehren jetzt zu dem ursprünglich gegebenen $k[G]$-Modul E zurück. Es sei $F = \operatorname{Hom}^I(\bar{S}, E)$ und $u\colon \bar{S} \otimes F \to E$ der Homomorphismus, der $a \otimes b$ $(a \in \bar{S}, b \in F)$ das Element $b(a)$ von E zuordnet. Aus der Tatsache, daß E isotyp vom Typ $\bar{S}$ ist, schließt man leicht, daß u ein *Isomorphismus* von $\bar{S} \otimes F$ auf E ist.

Die Gruppe G_2 operiert auf $\bar{S}$ durch die Reduktion von ϱ_2; sie operiert auch auf E gemäß $G_2 \to G$; sie operiert demnach auf F. Der Isomorphismus

$$u\colon \bar{S} \otimes F \to E$$

ist mit der Wirkung von G_2 verträglich. Man kann also E, als $k[G_2]$-Modul betrachtet, mit dem Tensorprodukt der $k[G_2]$-Moduln $\bar{S}$ und F identifizieren. Um E zu liften, braucht man also nur $\bar{S}$ und F zu liften und das Tensorprodukt dieser Anhebungen zu nehmen. Auf diese Weise erhält man einen freien $A[G_2]$-Modul $\tilde{E}$ über A. Da N zu p prime Ordnung besitzt und auf der Reduktion E von $\tilde{E}$ trivial operiert, folgt, daß N auf $\tilde{E}$ trivial operiert (vgl. 2.5) und daß $\tilde{E}$ als ein $A[G]$-Modul betrachtet werden kann; man hat also gerade E geliftet.

Es läuft also alles darauf hinaus zu zeigen, daß F geliftet wird (der Fall von $\bar{S}$ ist ja schon erledigt). Nun ist F ein *einfacher* $k[G_2]$-Modul (da E ein solcher ist), auf dem I nach Konstruktion *trivial* operiert. Man kann ihn also *als einen einfachen* $k[H]$-*Modul* mit $H = G_2/I$ ansehen.

Die Gruppe H ist zentrale Erweiterung von G/I (die p-auflösbar von der Höhe $\leqq h - 1$ ist) durch die Gruppe N, die zyklisch mit zu p primer Ordnung ist. Im Falle $h = 1$ ist $H = N$, und das Liften von F ist unmittelbar klar (vgl. 2.5). Ist $h \geqq 2$, so enthält die Gruppe H/N einen Normalteiler M/N, der den folgenden beiden Bedingungen genügt:

a) $H/M = (H/N)/(M/N)$ hat die Höhe $\leqq h - 2$.

b) M/N ist entweder eine p-Gruppe oder eine Gruppe mit zu p primer Ordnung.

Wenn M/N eine p-Gruppe ist, läßt sich M, da die Ordnung von N zu p prim ist, als Produkt $N \times P$ schreiben, wo P eine p-Gruppe ist. Dieselbe Überlegung wie zu Beginn des Beweises zeigt, daß P auf F trivial operiert; man kann F als einen $k[H/P]$-Modul ansehen. Es ist aber klar, daß die Höhe von H/P $\leqq h - 1$ ist; auf Grund der Induktionsvoraussetzung kann man also F liften. Schließlich bleibt noch der Fall zu erledigen, daß M/N zu p prime Ordnung besitzt. In diesem Fall ist die Ordnung von M prim zu p, und da H/M eine Höhe $\leqq h - 2$ hat, ist die Höhe von H $\leqq h - 1$, und die Induktionsvoraussetzung läßt sich immer noch anwenden. Damit ist der Beweis erbracht.

4.6. Surjektivität des Zerlegungshomomorphismus (allgemeiner Fall)

Es handelt sich darum (nach CHEVALLEY), die Surjektivität von

$$d: R_K(G) \to R_k(G)$$

zu beweisen, *ohne vorauszusetzen, daß K genügend groß ist.* Zunächst gilt

Lemma 1. *Jedes Element von* $R_k(G)$ *ist Summe von Elementen der Form* Ind (y_H) *mit einer* Γ_K*-elementaren Untergruppe* H *von* G (vgl. Kap. II, 12.4) *und* $y_H \in R_k(H)$.

Der Beweis ist derselbe wie der von Korr. 2 zu Satz 5 (vgl. 4.2), abgesehen davon, daß der Satz von BRAUER durch die in 12.4 von Teil I angegebene Variante ersetzt wird.

Damit wird man auf den Fall geführt, daß G Γ_K-elementar ist, also die folgende Eigenschaft besitzt:

(*) — *G ist semidirektes Produkt eines zyklischen Normalteilers C mit einer l-Gruppe P* (l ist eine Primzahl, die nicht Teiler der Ordnung von C ist).

Daß d surjektiv ist, ergibt sich dann aus der folgenden genaueren Aussage:

Lemma 2. *Jeder einfache $k[G]$-Modul V läßt sich liften* (d. h., ist Reduktion eines freien $A[G]$-Moduls auf A).

Der Beweis ist analog dem des Satzes von FONG-SWAN (aber einfacher). Der Fall, daß die in (*) eingehende Primzahl l von p verschieden ist, ist leicht: G besitzt dann eine ausgezeichnete p-SYLOW-Gruppe C_p (die p-primäre Komponente von C), und C_p operiert auf V trivial. Man kann V also als einen $k[G/C_p]$-Modul ansehen und kann ihn, da G/C_p zu p prime Ordnung besitzt, liften.

Es bleibt der Fall $l = p$. Man führt Induktion nach der Ordnung von G durch. Mit dem gleichen Argument wie beim Beweis des Satzes von FONG-SWAN kann man sich auf den Fall beschränken, daß V ein *isotyper* $k[C]$-Modul ist; man kann ferner annehmen, daß die zu V gehörige Darstellung

$$\varrho: F \to \mathrm{Aut}_k(V)$$

treu ist. Das Bild von $k[C]$ in $\mathrm{End}_k(V)$ ist dann ein Körper k', und V ist mit einer *k'-Vektorraum*struktur versehen; die Gruppe C läßt sich in k'^* einbetten und operiert auf V durch die entsprechenden Multiplikationen.

Wir wählen jetzt ein gegenüber P invariantes Element $v \neq 0$ von V; das ist möglich, da P eine p-Gruppe ist. Ist $c \in C$, $u \in P$, so gilt

$$\varrho(u)\,(c \cdot v) = \varrho(u\,c\,u^{-1})\,\varrho(u) \cdot v = \varrho(u\,c\,u^{-1}) \cdot v = {}^{u}c \cdot v$$

mit ${}^{u}c = u\,c\,u^{-1} \in C$. Hieraus schließt man, daß der durch die $c \cdot v$ mit $c \in C$ erzeugte Unterraum $k'\,v$ von V gegenüber C und P stabil ist und also gleich V ist; somit ist $\dim_{k'}(V) = 1$. Es existiert also für alle $g \in G$ ein einziger k-Endomorphismus σ_g von k' mit

$$\bigl(\sigma_g(a)\bigr) \cdot v = \varrho(g)\,(a \cdot v) \qquad \text{für alle} \qquad a \in k'\,.$$

Für $c \in C$ und $u \in P$ gilt ferner $\sigma_u(c) = {}^u c$, woraus insbesondere

$$\sigma_u(c\,c') = \sigma_u(c)\,\sigma_u(c') \quad \text{für} \quad c, c' \in C$$

folgt. Da k' von den Elementen c erzeugt wird, schließt man hieraus, daß die σ_u *Automorphismen* der Erweiterung k'/k sind. Man verifiziert sogleich, daß $u \mapsto \sigma_u$ ein Homomorphismus $\sigma \cdot P \to \mathrm{Gal}\,(k'/k)$ ist. Der Modul V ist also zu k' isomorph, auf dem C durch Multiplikationen operiert, und P operiert durch Vermittlung von σ. Ein solcher Modul läßt sich unmittelbar *liften*: in der Tat sei K' die der Restklassenkörpererweiterung k'/k (die offensichtlich galoissch ist) entsprechende unverzweigte Erweiterung von K und A' der Ring der ganzen Zahlen von K'. Mittels des kanonischen Isomorphismus

$$\mathrm{Gal}\,(K'/K) \to \mathrm{Gal}\,(k'/k)$$

kann man P auf K' und A' (unter Vermittlung von σ) operieren lassen. Andererseits liftet sich C (mittels multiplikativer Repräsentanten) in eine Untergruppe von A'^*, die man auf A' durch Multiplikationen operieren lassen kann. Man verifiziert unmittelbar, daß sich die Wirkungen von C und von P auf A' in einen Homomorphismus $\tilde{\varrho}\colon G \to \mathrm{Aut}_A\,(A')$ fortsetzen, woraus die gesuchte Anhebung folgt.

Anhang

Modulare Charaktere

Die eben dargelegten Resultate gehen in der Hauptsache auf Brauer zurück, der sie in einer etwas anderen Sprache ausgesprochen hat, derjenigen der *modularen Charaktere*. Wir wollen rasch angeben, was es mit diesen Charakteren auf sich hat.

Der Einfachheit halber wollen wir K als hinreichend groß voraussetzen. E sei ein $k[G]$-Modul und G_{reg} die Menge der p-regulären Elemente von G. Wenn $s \in G_{\mathrm{reg}}$ ist, so ist der durch s definierte Endomorphismus s_E von E *diagonalisierbar*. Ist h die Ordnung von s, so sind die Eigenwerte $(\lambda_i)_{i \in I}$ von s_E h-te Einheitswurzeln. Zu jedem $i \in I$ gibt es eine eindeutig bestimmte h-te Einheitswurzel λ_i^* von A, die λ_i als Reduktion besitzt. Wir setzen

$$\varphi_E(s) = \sum_{i \in I} \lambda_i^* .$$

Die Funktion φ_E ist eine *zentrale Funktion* auf G_{reg} *mit Werten in* K (und sogar in A); sie heißt *modularer Charakter* von E. (Eine analoge Definition könnte man für jede *lineare algebraische Gruppe* G geben: der modulare Charakter einer linearen Darstellung von G ist eine zentrale Funktion auf der Menge der *halbeinfachen* Elemente von G; sie wird mittels *multiplikativer Repräsentanten* der Eigenwerte von s_E definiert.)

(E_α) seien die verschiedenen einfachen $k[G]$-Moduln (bis auf Isomorphie); φ_α sei der modulare Charakter von E_α.

Satz (Brauer [1]). *Die φ_α bilden eine Basis des Raumes der zentralen Funktionen auf G_{reg}.*

(Mit anderen Worten, die Abbildung $[E] \mapsto \varphi_E$ läßt sich linear zu einem *Isomorphismus* von $K \otimes R_k(G)$ auf die Algebra der zentralen Funktionen auf G_{reg} mit Werten in K fortsetzen.)

Korollar. *Die Anzahl der Klassen einfacher $k[G]$-Moduln ist gleich der Anzahl der p-regulären Klassen von G.*

Beweis des Satzes.

a) Zunächst sind die φ_α über K *linear unabhängig*. Angenommen nämlich, es bestehe eine Relation $\sum a_\alpha \varphi_\alpha = 0$ mit $a_\alpha \in K$, in der die a_α nicht sämtlich Null sind. Indem man die a_α nötigenfalls mit einem Element von K multipliziert, kann man annehmen, daß sie A angehören und daß eines von ihnen nicht zu $\mathfrak{m}$ gehört. Durch Reduktion mod. $\mathfrak{m}$ erhält man

$$\sum \bar{a}_\alpha \bar{\varphi}_\alpha(s) = 0 \qquad \text{für alle} \qquad s \in G_{\text{reg}}\,,$$

wobei der Strich die Restklassenbildung mod. $\mathfrak{m}$ bezeichnet. Offensichtlich ist aber

$$\bar{\varphi}_\alpha(s) = Tr_\alpha(s)$$

die Spur von s im $k[G]$-Modul E_α. Ferner sieht man sogleich, daß $Tr_\alpha(x) = Tr_\alpha(s)$ ist, wenn $x \in G$ s als p-reguläre Komponente besitzt. Die obige Formel läßt sich also umschreiben zu

$$\sum \bar{a}_\alpha Tr_\alpha(x) = 0 \qquad \text{für alle} \qquad x \in G\,,$$

also auch für alle $x \in k[G]$. Nun ist bekanntlich (Dichtigkeitssatz) der Homomorphismus

$$k[G] \to \prod \operatorname{End}(E_\alpha)$$

surjektiv. α sei so gewählt, daß $a_\alpha \neq 0$ ist, ferner sei $u \in \operatorname{End}(E_\alpha)$ ein Element der Spur 1 (beispielsweise ein Projektor auf eine Gerade) und x ein Element von $k[G]$, das als Bild u in $\operatorname{End}(E_\alpha)$ und 0 in $\operatorname{End}(E_\beta)$ für $\beta \neq 0$ besitzt. Dann ergibt sich der Widerspruch $\bar{a}_\alpha \cdot 1 = 0$.

(Dieser Teil des Beweises ist gleichermaßen auf die *algebraischen Gruppen* anwendbar.)

b) Es ist zu zeigen, daß die φ_α den Raum der zentralen Funktionen auf G_{reg} *erzeugen*. Das könnte man aus den Sätzen 1 und 2 schließen. Einfacher ist es, direkt ein Element $E \in K \otimes R_k(G)$ zu konstruieren, dessen modularer Charakter φ_E in einem gegebenen Element $s \in G_{\text{reg}}$ nicht verschwindet und für die nicht zu s konjugierten Elemente von G_{reg} Null ist: man bildet dazu die von s erzeugte zyklische Untergruppe S, nimmt ein Element F von $K \otimes R_k(S) = K \otimes R_K(S)$, dessen Charakter in s gleich 1 und außerhalb s gleich 0 ist, und wählt als E das induzierte Element $E = \operatorname{Ind}(F)$. Es ist unmittelbar klar, daß es das Gewünschte leistet.

Die Matrizen C, D, E von § 2 lassen sich in der Sprache der modularen Charaktere folgendermaßen deuten:

χ_i seien die verschiedenen irreduziblen Charaktere von G, φ_α die oben definierten irreduziblen modularen Charaktere und Φ_α die (gewöhnlichen) Charaktere der projektiven Hüllen der E_α über $A[G]$. Die χ_i sind auf G definiert, die Φ_α gleichfalls (sind aber außerhalb von G_{reg} Null, vgl. Satz 2), und die φ_α sind nur auf G_{reg} definiert. Dann gilt:

$$\Phi_\beta(s) = \sum c_{\alpha\beta}\,\varphi_\alpha(s) \quad \text{für alle} \quad a \in G_{\text{reg}}\,,$$

$$\chi_i(s) = \sum d_{\alpha i}\,\varphi_\alpha(s) \quad \text{für alle} \quad s \in G_{\text{reg}}\,,$$

$$\Phi_\beta(s) = \sum d_{\beta i}\,\chi_i(s) \quad \text{für alle} \quad s \in G\,.$$

(Die hier verwendete Matrizenschreibweise ist zu der von Brauer *transponiert*.)

Das Dreieck *cde* geht nach Tensorproduktbildung mit K über in:

$$\begin{array}{ccc}
\text{Zentr. Funkt. auf } G\text{, die} & & \\
\text{außerhalb } G_{\text{reg}} \text{ verschwinden} & \xrightarrow{c \otimes K} & \text{Zentrale Funkt. auf } G_{\text{reg}} \\
e \otimes K \searrow & & \nearrow d \otimes K \\
& \text{Zentr. Funkt. auf } G &
\end{array}$$

dabei sind die Abbildungen $c \otimes K$, $d \otimes K$, $e \otimes K$ die evidenten Abbildungen (Einschränkung, Einschränkung, Inklusion). Man beachte, daß $c \otimes K$ in Einklang mit Satz 1 ein *Isomorphismus* ist.

Nachtrag

Einige Definitionen

ARTINsche *Ringe*

Ein Ring A heißt artinsch, wenn er den folgenden äquivalenten Bedingungen genügt (vgl. BOURBAKI, Alg., Chap. VIII, § 2):

a) Jede absteigende Kette von Linksidealen von A bricht ab.

b) Der A-Linksmodul A ist von endlicher Länge.

c) Jeder endlich-erzeugbare A-Linksmodul ist von endlicher Länge.

Wenn A artinsch ist, so ist das Radikal $\mathfrak{r}$ von A nilpotent, und der Ring $S = A/\mathfrak{r}$ ist halbeinfach. Man kann S in ein Produkt $S = \Pi S_i$ einfacher Ringe zerlegen; jedes S_i ist zu einem Matrizenring $M_{n_i}(D_i)$ über einem Körper D_i isomorph und besitzt (bis auf Isomorphie) einen und nur einen einfachen Modul E_i. Jeder halbeinfache A-Modul wird durch $\mathfrak{r}$ annulliert, entspricht also einem S-Modul; wenn er einfach ist, so ist er zu einem der E_i isomorph.

Beispiel. Jede Algebra endlichen Ranges über einem Körper k ist ein artinscher Ring; das gilt insbesondere für die Gruppenalgebra $k[G]$ einer endlichen Gruppe G.

GROTHENDIECK-Gruppen

Es sei A ein Ring und $\mathfrak{F}$ eine Familie von A-Linksmoduln. GROTHENDIECK-Gruppe von $\mathfrak{F}$ (bezeichnet mit $K(\mathfrak{F})$) heißt die abelsche Gruppe, die folgendermaßen durch Erzeugende und Relationen definiert wird:

Erzeugende — Jedem $E \in \mathfrak{F}$ wird eine Erzeugende $[E]$ zugeordnet.

Relationen — Jeder exakten Sequenz

$$0 \to E' \to E \to E'' \to 0 \quad \text{mit} \quad E, E', E'' \in \mathfrak{F}$$

wird die Relation

$$[E] = [E'] + [E'']$$

zugeordnet.

Ist H eine abelsche Gruppe, so entsprechen die Homomorphismen $f: K(\mathfrak{F}) \to H$ eineindeutig den Abbildungen $\varphi: \mathfrak{F} \to H$, die „additiv" sind, d. h. für jede exakte Sequenz des obigen Typs der Bedingung $\varphi(E) = \varphi(E') + \varphi(E'')$ genügen.

Die beiden meistgebrauchten Beispiele sind die, daß man für $\mathfrak{F}$ alle endlich-erzeugbaren A-Moduln oder alle endlich-erzeugbaren projektiven A-Moduln nimmt.

Projektive Moduln

Es sei A ein Ring und P ein A-Linksmodul. Dann heißt P projektiv, wenn er die folgenden äquivalenten Bedingungen erfüllt (vgl. BOURBAKI, Alg., Kap. II, 3. Aufl., § 2):

a) Es gibt einen freien A-Modul, von dem P direkter Faktor ist.

b) Zu jedem surjektiven Homomorphismus $f: E \to E'$ von A-Linksmoduln und jedem Homomorphismus $g': P \to E'$ gibt es einen Homomorphismus $g: P \to E$ mit $g' = f \circ g$.

c) Der Funktor $E \mapsto \mathrm{Hom}_A(P, E)$ ist exakt.

Dafür, daß ein Linksideal $\mathfrak{a}$ von A direkter Faktor von A als Modul ist, ist notwendig und hinreichend, daß ein $e \in A$ mit $e^2 = e$ und $\mathfrak{a} = A\,e$ existiert; ein solches Ideal ist ein projektiver A-Modul.

Diskrete Bewertungen

Es sei K ein Körper und K^* die multiplikative Gruppe der von Null verschiedenen Elemente von K. Diskrete Bewertung von K (vgl. z. B. [10]) heißt jeder surjektive Homomorphismus $v: K^* \to \boldsymbol{Z}$ mit $v(x + y) \geqq \mathrm{Inf}\,\big(v(x), v(y)\big)$.

v läßt sich auf K fortsetzen, indem man $v(0) = +\infty$ setzt.

Die Menge A der Elemente $x \in K$ mit $v(x) \geqq 0$ ist ein Unterring von K, der Bewertungsring von v heißt. Er besitzt als einziges maximales Ideal die Menge $\mathfrak{m}$ der $x \in K$ mit $v(x) > 0$. Der Körper $k = A/\mathfrak{m}$ heißt der Restklassenkörper von A (oder von v).

Literaturverzeichnis

Teil I

Die Darstellungstheorie endlicher Gruppen wird in zahlreichen Werken behandelt. Wir wollen nur zwei von ihnen nennen:

[1] H. Weyl, Gruppentheorie und Quantenmechanik, Leizig 1928 (engl. Übers.: The theory of groups and quantum mechanics, Dover Publications 1931).
(Ein Klassiker — sehr vollständig, enthält insbesondere ein Kapitel über die Darstellungen der symmetrischen Gruppen —. Ein wenig weitschweifig.)

[2] M. Hall, The theory of groups, Macmillan, New-York 1959. (Ein sehr klares Nachschlagwerk über Gruppentheorie — das Kapitel über die Darstellungen enthält die Theorie der „induzierten" Darstellungen sowie verschiedene interessante Beispiele.)
Hinsichtlich der kompakten Gruppen siehe [1] sowie:

[3] A. Weil, L'intégration dans les groupes topologiques et ses applications, Hermann, Paris 1940.
(Sehr komprimiert — schwer zu lesen.)

[4] L. Loomis, An introduction to abstract harmonic analysis, Van Nostrand, New-York 1953.
(„Algebraischer" — und zugänglicher — als das Vorstehende.)
Hinsichtlich der Bewegungsgruppen, ihrer Standardbezeichnungen und ihrer Charakterentafeln siehe:

[5] H. Eyring, J. Walter and G. Kimball, Quantum chemistry, John Wiley and Sons, New-York 1944.
(Die fraglichen Tafeln befinden sich im Anhang VII, S. 376—388.)

[6] W. Burnside, Theory of groups of finite order (2. Aufl., Cambridge 1911) — Nachdruck von Dover Publ. 1955.
(Ein Klassiker — enthält viele Beispiele und Anwendungen der Theorie der Charaktere auf die Struktur endlicher Gruppen.)

[7] S. Lang, Algebra (Chap. XVIII), Addison-Wesley 1965 (russ. Übers.: С. Ленг, Алгебра, Москва 1968).
(Knapp, aber angenehm zu lesen — alle wesentlichen Ergebnisse werden auf 35 Seiten behandelt.)

[8] C. Curtis and I. Reiner, Representation theory of finite groups and associative algebras, Interscience Publ., New-York 1962 (russ. Übers.: Ч. Кэртис, И. Райнер, Теория представлений конечных групп и ассоциативных алгебр. Москва 1969).
(Ein Nachschlagwerk — schwer, aber sehr vollständig.)

[9] R. Brauer, Representations of finite groups (in „Lectures on Modern Mathematics", vol. I, ed. by T. Saaty, John Wiley and Sons, 1963).
(Eine Darstellung der Hauptprobleme der Theorie.)

Hinsichtlich der Theorie der *modularen Darstellungen* siehe Teil II, 1–4, Kap. XII von [8] sowie die (in [8] zitierten) Originalarbeiten von Brauer.

Für die verschiedenen, den endlichen Gruppen zugeordneten *Grothendieck-Gruppen* siehe die Arbeiten von R. Swan (Ann. of Math. **71** (1960) und **76** (1962) sowie Topology **2** (1963)).

Teil II

[1] R. Brauer, Über die Darstellung von Gruppen in Galoisschen Feldern, Act. Sci. Ind. 195 (1935), Hermann, Paris.

[2] –, A characterization of the characters of groups of finite order, Ann. of Math. **57** (1953), 357–377.

[3] –, Zur Darstellungstheorie der Gruppen endlicher Ordnung, Math. Z. **63** (1956), 406–444.

[4] R. Brauer and J. Tate, On the characters of finite groups, Ann. of Math. **62** (1955), 1–7.

[5] C. Curtis and I. Reiner, Representation theory of finite groups and associative algebras, Intersc. Publ., New York 1962.

[6] P. Gabriel, Des catégories abéliennes, Bull. Soc. math. France, **90** (1962), 323–448.

[7] I. Giorgiutti, Groupes de Grothendieck, Ann. Fac. Sci. Univ. Toulouse **26** (1962), 151–207.

[8] I. Schur, Arithmetische Untersuchungen über endliche Gruppen linearer Substitutionen, Sitz. Pr. Akad. Wiss. (1906), 164–184.

[9] J.-P. Serre, Sur la rationalité des représentations d'Artin, Ann. of Math. **72** (1960), 406–420.

[10] –, Corps Locaux, Act. Sci. Ind. 1296 (1962), Hermann, Paris.

[11] J. Strooker, Faithfully projective modules and clean algebras, Groen et Zoon, Leyden 1965.

[12] R. Swan, Induced representations and projective modules, Ann. of Math. **71** (1960), 552–578.

[13] –, The Grothendieck group of a finite group, Topology **2** (1963), 85–110.

Sachverzeichnis